国家自然科学基金面上项目(51978146)

口袋公园规划设计原理与方法

周聪惠　著

东南大学出版社
·南京·

图书在版编目(CIP)数据

口袋公园规划设计原理与方法 / 周聪惠著. — 南京：
东南大学出版社，2022.10

ISBN 978 - 7 - 5766 - 0260 - 9

Ⅰ．①口… Ⅱ．①周… Ⅲ．①公园-园林设计-研究
Ⅳ．①TU986.2

中国版本图书馆 CIP 数据核字(2022)第 183140 号

责任编辑:朱震霞 责任校对:张万莹 封面设计:张诗宁 责任印制:周荣虎
崔梦洁
严雨婷

口袋公园规划设计原理与方法

KOUDAI GONGYUAN GUIHUA SHEJI YUANLI YU FANGFA

著　　者：周聪惠
出版发行：东南大学出版社
社　　址：南京市四牌楼 2 号　　邮编：210096　　电话：025-83793330
网　　址：http://www.seupress.com
电子邮箱：press@seupress.com
经　　销：全国各地新华书店
印　　刷：南京新世纪联盟印务有限公司
开　　本：889 mm×1194 mm　1/20
印　　张：12
字　　数：320 千字
版　　次：2022 年 10 月第 1 版
印　　次：2022 年 10 月第 1 次印刷
书　　号：ISBN 978 - 7 - 5766 - 0260 - 9
定　　价：78.00 元

本社图书若有印装质量问题,请直接与营销部调换。电话(传真):025-83791830

序言｜新一代城市基础设施与绿地的布局

FOREWORD｜NEXT GENERATION URBAN INFRASTRUCTURE AND GREEN SPACE DISTRIBUTION

　　尽管这项非同寻常的研究是在南京等城市特定背景下进行的，但其影响是全球性的。它不仅将影响城市绿地的布局，也将影响到一系列微观基础设施的考量；它不仅探讨了近十年来南京小微型绿色公共空间的增长与发展，也为解读世界其他城市基础设施的特征变化做出很大贡献；它不仅挑战了风景园林与都市主义常规研究的界限，也将城市基础设施的传统定义拓展至微观层面；它不仅将"城市自然"的概念重新定义为一种公共利益，也通过开发指标、规划准则及实操验证相结合的途径拓展了公共空间规划理论的边界。

　　将"城市绿地"与城市发展相结合的策略与理由在城市建设史中比比皆是。自工业革命伊始，欧美国家曾将大尺度城市绿地视为一剂不可或缺的良药，用以应对日益加剧的城市密度和工业危害。历史上最极端的应对方式是降低城市密度，以"城郊"或"田园城市"的名义，将自然纳入"次级城市（卫星城）"的集合体中。另一方面，随后新进的高层建筑技术让自然具备了缓解高密度问题的能力。极致的绿色空间能够在经济适用的高层电梯楼之间穿插。整个新城可以概括为一个散布着塔楼的公园，是"公园中的城市"，而非"城市中的公园"。这项研究重拾"城市中的公园"这一范式，并

Although this extraordinary research is embedded in the particular context of Nanjing, the implications are global; not simply for urban green space distribution, but for a range of micro-infrastructural considerations. This study addresses the proliferation of micro-green public space development in Nanjing in the past decade. It also presents a major contribution to understanding the changing characteristics of urban infrastructure for cities everywhere. It challenges the normative limits of research in landscape architecture and urbanism. It expands the traditional definitions of urban infrastructure to include the micro-scale. It redefines the concept of urban nature as public good. It pushes the limits of public space planning theory, through a combination of development metrics, planning principles and test bed verification.

The history of city-making is replete with strategies and rationales for incorporation of "urban green" space within urban development. In Europe and the United States, since the onset of the Industrial Revolution, large-scale urban green space has been considered an indispensable antidote to increasing densities and heightened industrial hazards. The most extreme historical response has been to de-densify cities; to incorporate nature within "sub-urban" aggregations under the rubric of "suburb" or "garden city." By contrast, more recently new high-rise building technologies have allowed nature to mitigate hyper-densities. Extreme green could be interspersed with inexpensive tall buildings serviced by elevators. Entire new cities could be reduced to a "park" inhabited by towers distributed on a green tableau as the

证实了其在高密度环境下整合绿地的有效性。

历史上，"公园中的城市"这一理想之所以全球流行，很大程度上是出于对健康的考虑。从医学角度看，倡导"城市增绿"战略的主要目的是将大自然作为治疗疾病的处方。这在19和20世纪的结核病大流行期间尤为重要，当时的治疗方法主要是多接触"阳光、开放空间和绿色自然"。结核病人被从城市移转至乡村，长期居住在乡村疗养院中。随后，青霉素等医学上的突破改变了这种治疗方法。然而，城市化进程中依然留存着"公园中的塔楼"这一理想，因为它可以在取得高密度的同时兼容大面积连片绿地。"城市将从属于公园环境"已成为一种处理经济和政治（意识形态）问题的便捷途径，并在多种文化背景中盛行。值得注意的是，今天的新冠疫情已强化了这种逃离城市、回归自然的理想，至少对于那些能负担得起的人来说是如此。

粮食生产在历史上也曾是城市增绿的重要推手。例如，都市农业向来是军事上要考虑的重要因素，尤其是对于14至16世纪被城墙包裹的欧洲城市而言，敌军围城可能会持续很长时间，因此要求在城内能够生产足够粮食。甚至在现代战争时期，"胜利农园"也是一战和二战中欧洲和美国必不可少的食物来源。除了粮食生产外，小微型花园也有助于从心理层面来理解大自然在增进福祉上的效用。数十年来，大自然在市民精神生活中的角色一直是个广为谈论的话题。当前社会科学已开始探讨碳排放及海岸线后移等问题的控制策略，关于适应气候变化的讨论亦属此范畴。这

"city-in-the-park," rather than the traditional "park-in-the-city." This study confirms the efficacy of revisiting the "park-in-the-city" as the normative means for integration of green space within high urban densities.

Historically, the ideal of the "city-in-the-park" became widespread globally, in large part as response to health considerations. From a medical perspective, prominent in the advocacy of "urban green" strategies has been purposing nature as an antidote to disease; and such was especially important during the Tuberculosis pandemic of the 19th and 20th centuries, when the cure was exposure to "sun, space and green." Tubercular patients were relocated from the city to the countryside predominantly via long-term stays in rural sanitoria. Subsequent medical breakthroughs would change this formulation, including penicillin. What remained urbanistically, however, was the ideal of the tower-in-the-park, that can accommodate urban density within vast continuous green space. The city would be subservient to a park context, which has become prevalent in many cultural contexts as a convenient way to address both economic and political (ideological) realities. It is worth noting that the COVID pandemic of today has reinforced this ideal of escape to nature from cities, at least for those who can afford it.

Food production has also been historically prominent in the advocacy of urban green. For example, urban agriculture has been an important military consideration, especially for European walled cities of the 14th—16th centuries, when military sieges could last for prolonged periods requiring food production within the walls. And even in modern warfare, the "victory garden" was a requisite food source in both World War I and II in Europe and the United States. Apart from food, mini-gardens contributed a psychological dimension to understanding the role of nature in nurturing well-being. The role of nature in the urban psyche is a subject that has been

正是基础设施作为"社会凝聚器"的探讨,也是在城市密度与城市环境关系思维转变背景下对城市中"生产"的重塑。

人们正在重新审视城市绿地空间布局的历史依据,或可说至少城市绿地布局的刚性依据正在柔化。出于诸多原因,将细粒化分布式的公园整合入城市肌理中的策略正在赢得信赖,尤其小微绿地布局还与分布式基础设施创新直接关联。布局问题与能源和水系统等多种基础设施的应用相关。城市基础设施的基本布控机制演化始于历史上的"现代"城市,它们被可进行增量填充的、"自上而下"的几何形大尺度网格所主导,其结果使得城市格局过于刚性和生硬。如今,"自下而上"的布局策略让"自上而下"的刚性得以柔化。对于无法实现"自上而下"布局模式的"发展中"城市经济体而言,直接跨越该模式能取得多种至关重要的后发优势。而所谓"发达"城市经济体也具备一些优势,但必须修复这些城市"自上而下"布局模式下社会和空间中遗留的痼疾。

在城市增绿上,"自下而上"的增量填充已成为一项重要策略,但同时也存在管理上的挑战。管理新形式的基础设施布局技术正在不断演进,且这种演进尤其与数字媒体相关。社交媒体正在彻底改变城市基础设施部署和管理的方式。从最为基础的层面上看,地理定位数据能够记录公共绿地的实时使用情况。这种能力对于分布式基础设施有效运作非常关键。例如,近年来,社交媒体情绪数据越来越多地用于城市绿地

anecdotal for many decades, including today's discourse on climate adaptation, when the social science comes to the fore in strategizing about limiting our carbon-based lifeworlds and the realities of coastal withdrawal. Such is a discourse on infrastructure as "social condenser" and the reinvention of urban "production" in general within our transitions in thought about the relationship of urban density and urban context.

Historical rationales for spatial disposition of urban green space are being reconsidered, or at least the mandates are softening. The strategy of fine-grain distributed parks integrated within city fabric is gaining credibility for numerous reasons, with micro-green space distribution connected to other innovation in distributed infrastructure. The distribution question is relevant for many infrastructural applications including energy and water systems. The basic operation of urban infrastructure is evolving from the historic "modern" city dominated by "top-down" geometries: large-scale gridding that can be infilled incrementally, but that are overly deterministic in terms of formal outcomes. Now top down is mitigated by the strategy of "bottom-up" distribution. There are diverse advantages to "leap-frogging" top-down that are crucial to developing urban economies where top-down is not even remotely possible. There are also advantages within so-called "advanced" urban economies where the social and spatial intransigence of top-down must be remediated.

For urban green, "bottom-up" incremental infill has become strategic, but with management challenges. The technology to manage new forms of infrastructural distribution is evolving, especially related to digital media. Social media is revolutionizing how urban infrastructure is deployed and managed. At the most basic level, real-time usage of public green space can be documented, through geo-located data capabilities. For the effective functioning of distributed infrastructure, this capability is essential. For example, in

研究。情绪数据对于城市公园在心理健康增进效益的研究大有助益,并为小微公园规划策略制定提供了精细化依据。同时,细粒化分布的公园基础设施维护需要进行一定程度的监测,社交媒体也提供了有效(且生动)的监测工具。

为监测和理解新形式的基础设施,将"硬"科学和"设计科学"结合应用至关重要,这需要使用在设计文化中没有先例的新层级研发手段。在新的现实背景下,风景园林学科正在不断发展,并让基于形式模型的研究超越了植被样式的探讨而成为重要的规划内容。还有什么比中国更好的创新试验场呢? 在对新一代城市基础设施的探索中,中国城市尤其引人关注,因为其密度远高于世界上大部分其他城市,同时占比很高的公共用地和较之其他地区城市更强大的公共空间规划工具也让其绿地发展独具优势。这项研究的广度为发扬这些优势提供了良好的指导,以及更多其他助益。作为世界各地新一代城市基础设施发展的开创性研究,它值得我们认真考量。(陈江滟 译,周聪惠 校)

理查德·普朗兹

(理查德·普朗兹是哥伦比亚大学建筑学教授。他自 1973 年开始到哥伦比亚大学工作,曾担任哥伦比亚大学建筑部主席;1992—2015 年担任哥伦比亚大学城市设计学科主任。)

recent years there has been increasing use of social media sentiment data for urban green space research. Sentiment data can add significantly to research into the psychological benefits of urban parks, permitting fine-grain resourcing for mini-park planning strategies. For the maintenance of fine-grain park infrastructure, a level of monitoring is required that may effectively (and realistically) be provided through social media.

For monitoring and understanding the new infrastructural forms very important is the deployment of "hard" science with "design science" using a new level of research and development means that have no real precedent within design culture. With this new reality, the discipline of "landscape architecture" is evolving, such that research into form-based models beyond vegetation patterning is a crucial planning component. What better test-bed for innovation than China? For the promise of next generation urban infrastructure, Chinese cities are of particular interest, in that densities are much higher than in cities in much of the rest of the world; combined with rather particular green space characteristics including a high proportion of public land combined with public space planning tools that may be more robust than in many other urban contexts. The breadth of this study provides good guidance for optimizing these advantages, and much more. This study deserves our careful consideration, as pioneering work in the development of next generation urban infrastructure everywhere.

Richard Plunz

(Richard Plunz is Professor of Architecture at Columbia University. He has been at Columbia since 1973, served as Chair of the Division of Architecture and Director of the Urban Design Program from 1992 to 2015.)

前　言

　　绿地是城市空间体系的重要组分。随着城市发展重心由外部扩张转向内部更新，城市绿地发展思维、规划范式及评价标准也随之改变。在该过程中，"存量用地"取代"增量用地"成为城市绿地增长的主要来源。在建成环境下，较高的建设饱和度使得适宜城市绿地发展的存量用地呈现出小型化、分散化和破碎化特征，这一方面严重限制了大体量常规公共绿地的发展机会，另一方面则为小微型公共绿地(小微绿地)发展带来了巨大机遇。在此背景下，小微绿地逐渐成为建成环境下户外游憩空间拓展的主体，也成为城市绿地服务体系优化的主要工具。在实际使用中，小微绿地也已成为我们城市和社区生活的重要场所。正是这类场所及场所中多样缤纷的居民活动为现代城市空间注入了宝贵的温度、色彩和人情味，成为彰显城市独特人文魅力和社会价值的重要标志物。

　　作为小微绿地的主要形式，"口袋公园"概念原型可追溯至二战后欧洲城市重建时，利用街头废墟建立起的小型开放式绿地。它虽然是战后城市人力、物力、财力等诸多条件严重受限情境下的权宜产物，但收效却远超预期，并对同时期美国城市公共空间发展产生了深远影响。20 世纪 50—60 年代，美国的学者[如宾夕法尼亚大学教授卡尔·林(Karl Linn)等]、政府决策者[如纽约市市长约翰·林赛(John Lindsay)等]以及设计师[如惠特尼·西摩(Whitney Seymour)等]均对口袋公园概念的引入及其进一步实践拓展做出了重要贡献。其中，著名的景观设计师罗伯特·锡安(Robert Zion)提出的口袋公园系统模型及其设计作品"佩雷公园"更是直接促进了口袋公园在世界范围内的推广。

　　在回顾和审视口袋公园发展历程时，我们发现欧美发达国家虽积累了大量关于口袋公园发展的相关经验，但由于城市绿地资源总体稀缺度普遍不高且用地权属较复杂，并未形成体系化的口袋公园规划设计理论和支持技术。这也直接导致在欧美城市中,口袋公园发展呈现显著的个体随机性特征。这种松散的随机型发展模式虽能优化局部地段绿地服务水平,但由于缺乏整体协同性,导致口袋公园发展的价值和意义均受到很大限制。对比欧美国家,我国城市密度普遍较高且在早期发展中绿地欠账严重,直接造成众多城市建成区尤其是人口密集的老城区内部绿地资源极度稀缺,这也为我国城市口袋公园发展提供了强大驱动力。另一方面,在我国土地管理制度下,城市可调控的用地范围相对更大,城市内部蕴含巨大的口袋公园发展潜力;而仅通过松散的随机型发展模式很难将该潜力完全激发,亟须在规划制度、理论和技术层面建立起全局统筹的调控体系,为城市口袋公园发展营造出有利的外部发展条件,推动口袋公园以组群协同模式有序发展,实现其整体服务绩效的最大化。

我们团队对于口袋公园规划设计问题的关注始于2010年代初期关于城市更新过程中绿地规划设计范式转换的思考。随后在国家自然科学基金及住建部科学技术计划项目支持下,团队结合规划实践项目,围绕复杂环境下城市绿地发展适应性机理、城市绿地精细化分类框架及调控方法、城市绿地集约布局技术等议题展开研究。研究发现,随着城市更新朝着精细化方向发展,城市绿地规划调控对象的空间粒度日趋细化,以口袋公园为主体的小微绿地已逐渐成为高密度城市绿地规划调控中的主体要素。但是,我们也注意到口袋公园并非独立的一类城市用地,其范畴既涵盖了拥有独立用地的"正规绿地",也包含用地不独立而从属其他用地的"非正规绿地"。用地主体的多样性和规划管理的复杂性增加了其在规划调控中的难度。同时,口袋公园自身功能和空间属性与常规大体量公园绿地也存在较大差异,在规划设计中难以照搬套用传统的绿地规划设计范式。由于一直缺乏对口袋公园概念范畴、基本属性、规划设计原理和方法的系统梳理,导致在以口袋公园为调控主体的绿地规划设计实践中常出现概念界定不清、功能定位不明、布局调控失衡、操作实施困难等问题。为了探寻上述问题的解决方案,团队开始围绕以口袋公园为主体的小微绿地规划设计原理与方法展开系统研究。该研究也有幸在2019年再次获得国家自然科学基金面上项目资助。

除了过往的研究累积外,日常生活中的观察、体验和感悟也为本书撰写提供了大量宝贵的思路和素材。在我们长期工作和生活的南京市老城区,较高的人口密度和稀缺的社区绿地资源形成强烈反差,导致身边大量居民不得不长期利用街角、街旁、建筑间隙等小微型空间开展各类日常休闲游憩活动。通过对于此类空间使用特征的长期观察和比较，我们发现它们虽然破碎分散且规模较小，但却具有较大实效性，能有效响应居民多样化的日常需求。这个现象也让我们开始对建成区内部绿地的适宜服务模式展开全新思考，其中在规划设计中的关键问题是：如何能让口袋公园单体达到理想的服务效果，以及如何统筹协同多个口袋公园组群形成合力，以有效缓解大范围城市区域的游憩空间供需矛盾？这两个问题也是我们开展相关研究和撰写本书的主要出发点。

带着这两个问题，我们围绕口袋公园自身属性、服务影响因素、协同模式、布局方法技术、发展保障政策等多个方面，展开了定性与定量相结合的分析研究。采用的研究方法既包含了问卷调查、现场访谈、定点拍摄记录等传统方法，也大幅应用了多源大数据分析、机器学习等新方法和新技术。整个研究遵循"城市（绿地系统）——社区（绿地组群）——地块（绿地单体）"的空间脉络，既有对口袋公园服务规律和协同机制等基础理论层面的探索，也有在口袋公园规划调控方法和策略等应用实践层面的尝试，在经过"问题（目标）设定——理论分析——实践验证——归纳总结"研究环节后，最终形成当前成果并整理成书。

本书全面梳理并整合了前人相关研究以及团队的最新研究成果。全书以城市更新和精细化治理为发展背景，系统地阐述了口袋公园规划设计的原理与方法。全书共分为七章，其中：第1章主要是对口袋公园的概念内涵、规划背景、价值及挑战等进行总体阐述；第2章和第3章通过对口袋公园属性和服务机制的解析，揭示其规划设计的基本原理及其与传统绿地规划设计间的差异；第4章与第5章主要讨论口袋公园布局问题，将"口袋公园组群建构与协同"作为独立章节是考虑到高密度环境下建立协同互补口袋公园组群的重要性和必要性，同时组群建构也是在更大范围内展开口袋公园综合布局的关键基础；第6章主要从发展政策、调控机制及实施制度三方面讨论口袋公园发展、规划及设计实施的综合保障问题；第7章则结合我们与江苏省城市规划设计研究院合作完成的实践项目《盐城市城市公园绿地专项规划（2019—2030）》，围绕与口袋公园相关的"游园体系规划"详细解析了口袋公园布局调控方法的应用特点及效果。

《口袋公园规划设计原理与方法》可作为风景园林学科的专业教材，也可为从事风景园林和城乡规划的工作人员提供参考。书中内容除了能为独立编制的口袋公园专项规划提供借鉴外，还能为各类相关规划中口袋公园调控及口袋公园设计提供参考，并希望为城市更新背景下绿地规划设计的新范式建构提供些许思路。此外,我们在本书编写中尽可能采用通俗易懂的语言,并配以大量直观图解,期待本书的出版既能方便教学和实践应用,还能引发更多普通民众对于城市绿地规划设计的兴趣、关注和思考,积极投入身边绿地规划设计、建设及管护过程中,共同为我们城市人居环境品质提升及可持续发展保驾护航。

2022.9

目 录

第1章 总论

1.1 城市绿地规划进程与口袋公园

1.1.1 现代城市空间体系生成

在工业革命驱动下,现代城市的功能和空间体系逐步成形,城市绿地体系也完成了初步建构。在此时的城市空间发展中,城市绿地与居住、工业等类型用地虽在功能上能够互补,但在发展用地获取上却需相互竞争。由于城市绿地无法直接产生经济回报,其发展用地很难通过纯粹的市场导向和竞争机制获取,而须借助外力干预才能得以确保。为保障城市绿地发展机会,英、法等早期工业化国家主要通过皇家园林公共化、公地保护、政府投资或发债等方式为现代城市提供了第一批城市绿地。

该阶段对城市绿地体系建构模式的探索大多与现代城市整体空间体系建构结合,例如,霍华德(Ebenezer Howard)在"田园城市"模型中提出的中心放射绿地体系(图1-1)、柯布西耶(Le Corbusier)在"光辉城市"模型中提出的大轴带绿地体系(图1-2)、奥姆斯特德(Frederick Law Olmsted)基于美国"方格网城市"提出的"公园-公园路"系统(图1-3)等均为现代城市发展初期城市绿地体系的整体建构提供了理论基础。此时,城市规划师和决策者更青睐于通过设置大体量城市绿地来对城市空间格局进行影响和控制,如利物浦伯肯海德公园、伦敦海德公园以及纽约中央公园等均建于此时。而城市绿地规划的调控重点则是通过底限用地规模指标控制途径,保障城市绿地能在城市快速发展进程中获取与其他类型用地同等的发展机会(表1-1)。

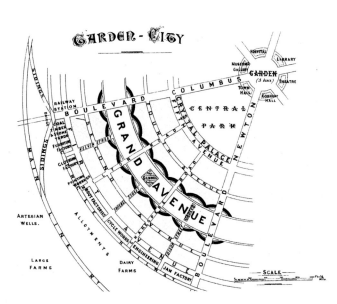

图 1-1 "田园城市"概念模型
图源:Howard, 1965。

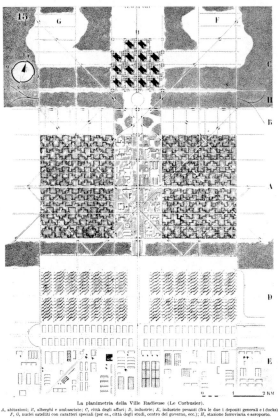

La planimetria della Ville Radieuse (Le Corbusier).
A, abitazioni; *B*, alberghi e ambasciate; *C*, città degli affari; *D*, industrie; *E*, industrie pesanti (fra le due i depositi generali e i docks); *F*, *G*, nuclei satelliti con caratteri speciali (per es., città degli studi, centro del governo, ecc.); *H*, stazione ferroviaria e aeroporto.

图 1-2 "光辉城市"概念模型
图源:Corbusier, 1964。

表 1-1　城市绿地规划发展历程及其特征

城市发展阶段	绿地发展特征	核心规划目标	主要调控对象	规划关键指标
现代城市形成	城市绿地系统总体建构	发展机会保障	大型城市绿地	底限规模指标
居住区规划兴起	城市绿地分级体系建构	空间可达保障	不同规模级别城市绿地	可达性指标
城市大范围更新	城市绿地系统总体优化	社会公平保障	中、小型城市绿地为主	公平性指标
城市精细化治理	城市绿地系统局部优化	需求响应保障	小微型城市绿地	需求响应指标

口袋公园规划设计原理与方法

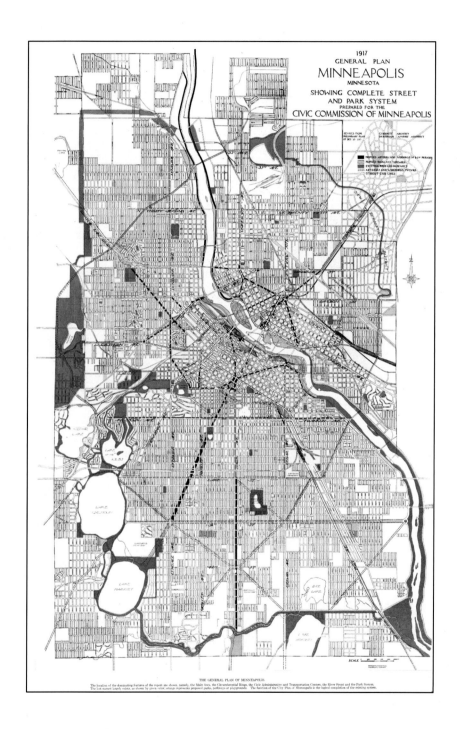

图 1-3 [美国]明尼阿波利斯 1917 年总体规划中的公园系统

图源：https://digitalcollections. hclib. org/digital/collection/p17208coll17/id/20，Accessed 15 April 2022

1.1.2　居住区规划兴起

　　随着城镇化持续推进,城市功能区过分集中和空间快速膨胀产生了一系列严峻的环境和交通问题。为应对该问题,1940年代沙里宁提出了"有机疏散理论",主张将集中拥挤的大城市进行单元化分解,主要策略就是"对日常活动进行功能性的集中"及"对这些集中点进行有机的分散"。而现代居住区的产生就是对城市部分职能有机疏散的直接响应。其中,科拉伦斯·佩里(Clarence Perry)"邻里单位"理论、屈普(Tripp)的"划区大街坊"倡议以及前苏联的居住小区规划实践等均成为现代居住区规划理论形成的重要基础。

　　随着第二次世界大战后居住区规划实践的快速发展,城市绿地规划焦点不再局限于大体量、中心型的城市绿地,居住区内部体量较小、服务于居民日常生活的社区绿地开始受到关注。例如,佩里就提出在"邻里单位"中应结合服务设施布置社区绿地,满足居民的日常休闲游憩需求(图1-4)。同一时期,源于古典区位理

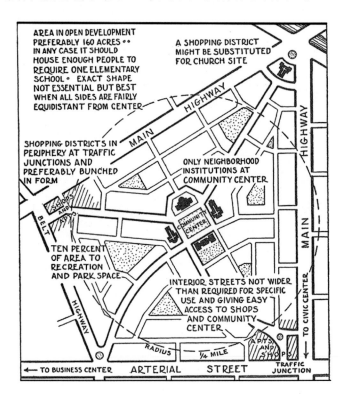

图1-4　"邻里单元"概念模型
图源:Perry, 1929。

口袋公园规划设计原理与方法

论的"可达性"概念和计算模型得以建立,并被广泛应用到绿地、交通、医疗、商业等城市服务设施布局合理性研究当中。可达性指标在城市绿地规划中的应用结果,直接推动了各个级别不同体量绿地在城市空间中的均衡发展。

1.1.3 城市大范围更新

至 1980 年代,欧美国家在经历高速城镇化后,不同人群居住地在城市空间中出现显著分异,有色族裔和低收入等弱势群体面临严重环境危害和健康风险,并引发大量社会矛盾。随着同时期美国民权运动兴起,规划中的"环境正义"思想开始兴起和普及。其中,不同社会属性人群对绿地服务获益不均现象被视为典型的环境正义问题。因此,欧美展开的大范围城市更新实践将改善城市社会环境、维护公平正义作为核心目标,城市绿地规划开始由体系建构步入到优化改良阶段。

该阶段的城市绿地规划开始正视人口密度、分布与公共资源分配中的空间不匹配问题,一方面通过城市更新来增补城市绿地,增加弱势人群获取绿地服务的机会,例如 1980 年代美国纽约市曼哈顿岛河滨公园(Riverside Park)修复及延伸项目等;另一方面则通过改善居民出行条件来拓展其可达范围,强化其获取绿地资源的能力,例如 1980 年代在欧美国家开始大量兴起的城市绿道及游径网络规划建设运动(图 1-5)。由于规划重心集中在城市建成区,开发建设饱和度普遍较高,城市绿地规划调控重心开始明显朝中、小体量城市绿地转移。社会公平性指标开始被引入到城市绿地规划当中,用以衡量城市绿地资源在不同社会群体之间配置的均衡度。与底限规模控制指标对比,社会公平指标虽也衡量绿地规模,但衡量主体已从"地(空间单元)"转变为"人(社会群体)",改变了衡量重心集中于供给侧的局面,需求侧细分属性被纳入到规划衡量体系当中。

1.1.4 城市精细化治理

21 世纪后,随着发达地区城市大规模更新改造完成或放缓,城市步入精细化治理阶段,城市修补、微更新、微改造等实践大量增加。同时,以民主公民权理论、社区和市民模型等为思想源的"新公共服务"理论成为城市公共管理的主要指导,其核心思想是将政府公共管理职能从"掌舵者"变为"服务者",并以满足不同社会群体多样化需求和偏好为重要目标。以需求响应为导向的居民生活圈体系开始取代传统固化的居住区成为规划调控的核心单元。

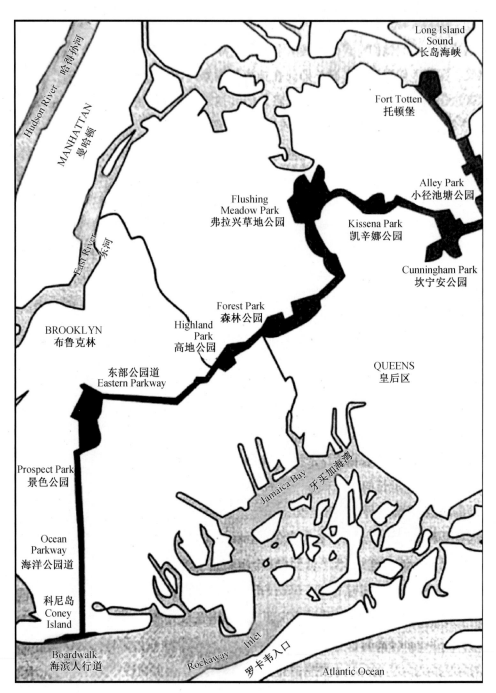

图 1-5 [美国]布鲁克林-皇后区绿道

图源：Little，1995。

口袋公园规划设计原理与方法

在此背景下,城市绿地服务供需关系受到更为精细化考量和审视,并以响应不同群体特定需求为目标,即"社会均好"。与"群体平等"标准追求各个群体获取等量服务不同,"社会均好"标准追求的是一定社会条件和关系下的相对公平,需依赖各主体基于自身特定需求的价值判断,带有较强的动态性和主观性,其衡量需通过公民满意度评测来实现。由于不同人群对于绿地服务需求有显著差异,为更直观表现各类人群服务需求的被满足程度,更为精细化的需求响应指标被应用于绿地研究和规划实践。与社会公平指标不同的是,需求响应指标虽也以需求侧为衡量主体,但其应用是以承认不同人群需求的差异性为前提。

同时,在建成环境下增补大体量城市绿地受限严重,可行性较低,城市绿地规划也步入到以居民生活圈为基本单元,以小体量绿地为核心调控对象的阶段(图1-6)。欧美城市在高密度环境下围绕公园绿地服务增补、改良和替代新途径展开系列探索,并发展出以口袋公园为代表的小微型公共绿地形式(图1-7、图1-8),同时通过分时利用等管理模式创新发展出道路、校园等为载体的分时共享绿地、基础设施绿地等新的绿地形态(图1-9—图1-12)

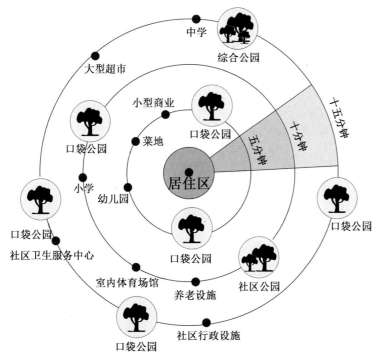

图1-6　15分钟生活圈规划

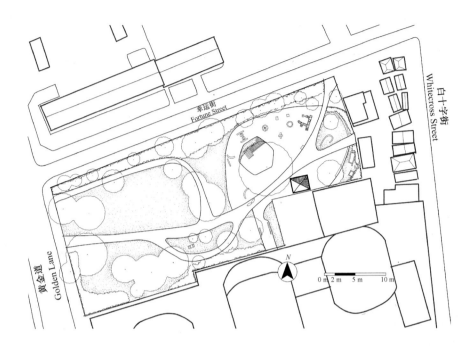

图 1-7 ［英国］幸运街公园平面图和实景图

实景图图源：https://www.spacehive.com/fortunestreet-park funday）

口袋公园规划设计原理与方法

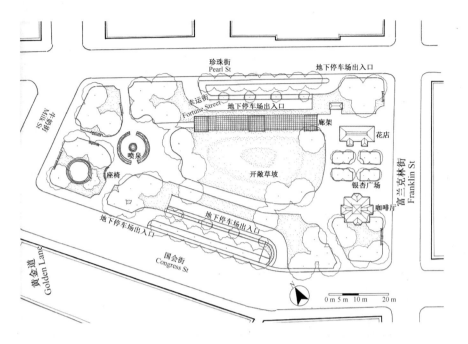

图 1-8 [美国]诺曼公园平面图和实景图

实景图图源：https://www.tighebond.com/project/norman-b-leventhal-park-at-post-office-square/

图 1-9 [美国]申利广场改
造前平面图和鸟瞰图
鸟瞰图图源：https://www.
sasaki. com/voices/a-decade-
of-schenley-plaza-ten-design-
takeaways/

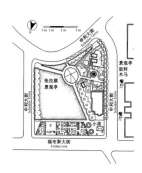

图 1-10 [美国]申利广场改
造后平面图和鸟瞰图
鸟瞰图图源：https://www.
sasaki. com/voices/a-decade-
of-schenley-plaza-ten-design-
takeaways/）

口袋公园规划设计原理与方法

图1-11 [美国]冷泉水库改造前平面图和鸟瞰图
鸟瞰图图源：Harnik，2010。

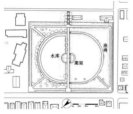

图1-12 [美国]冷泉水库改造后平面图和鸟瞰图
鸟瞰图图源：https://www.hfadesign. com/cool-spring-reservoir

1.1.5 口袋公园概念缘起

"口袋公园"英文名为 vest-pocket park 或为 pocket park,是一个基于尺度标准产生的概念,其面积通常小于社区公园门槛面积,与之相似的概念有微公园、袖珍公园、小游园等。

口袋公园概念原型可追溯至二战后欧洲城市重建时,对轰炸废墟、废弃物堆放地等场所进行的游憩化改造利用(图 1-13)。当时在劳动力及建设经费极度受限条件下,该实践效果远超预期,除了创造大量户外游憩空间外,还推动了战后欧洲城市风貌修复和重塑。

1950 年代,宾夕法尼亚大学教授卡尔·林开始将相关概念引入美国,并推动纽约、费城、华盛顿及巴尔的摩等城市利用回收的欠税土地展开相关实践。虽然概念原型发源于欧洲,但"口袋公园"概念的得名和兴起则源于 1960 年代美国纽约市的实践。当时在纽约市市长约翰·林赛执政团队和时任纽约公园协会(Park Association of New York)负责人惠特尼·西摩的共同推广下,小微型开放空间和绿地得到大力倡导。此类开放空间和绿地的面积可以小至单个建筑单元地块(100 英尺×20 英尺,约 185 平方米)。该做法有效将城市公园和相关游憩资源扩展到那些最需要新开放空间的城市中心地段,也彻底颠覆了传统大型、集中服务

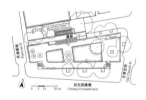

图 1-13 ［英国］罗珀花园平面图和实景图
实景图图源: https://www.ianvisits. co.uk/articles/londons-pocket-parks-ropers-gardens-sw3-34099/

口袋公园规划设计原理与方法

的城市公园概念。在纽约市格网化的肌理和高密度建筑的缝隙中,这种开放空间通常尺度微小、形态规整,并且往往一面开敞、三面被建筑围合,就如夹克背心上的"口袋"一样,例如纽约市第一个口袋公园"林内特·威廉姆森牧师纪念公园"(Rev. Linnette C. Williamson Memorial Park)(图1-14),"口袋公园"这一概念名称也由此兴起。

纽约市在1961年颁布的《纽约市区划决议案》则首次提出通过建筑面积补偿等手段,激励开发商在地面预留场地发展广场、绿地等公共空间,从而在制度和经济层面有效促进了纽约市口袋公园的快速发展。1963年,景观设计师罗伯特·锡安在纽约公园协会展览"为纽约设计纽约公园(New York Parks for New York)"上展示了"口袋公园体系"概念模型,主张通过系统化改造纽约中心区小型废弃地及建筑间空地增补户外游憩空间。至1965年纽约已经建成18个口袋公园,并计划建立一个多达200个小型邻里空间的游憩服务网络。1967年,由锡安在曼哈顿中部设计的"佩雷公园(Paley Park)"建成。该公园享誉海内外,并推动"口袋公园"概念及其实践在世界范围的普及和应用。

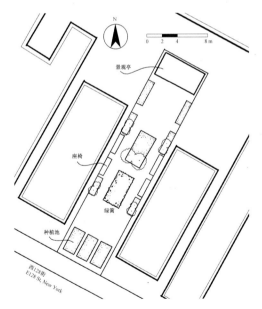

图1-14 [美国]林内特·威廉姆森牧师纪念公园平面图和实景图

图源①:http://www. williamsonparks. org/vestpocket - park - 1965

图源②:Armato, 2017。

1.1.6 小微型公共绿地在我国的发展

在我国 1992 年版《公园设计规范》(CJJ 48—1992)中提出的"居住小区游园"和"街旁游园"类型即可归为小微型公共绿地(小微绿地)范畴。但在我国早期的快速城镇化阶段,城市绿地发展重心多放在总体规模指标保障和控制上,小微绿地由于对绿地面积规模增长贡献十分有限,其发展并未受到足够重视。随着 2010

表 1-2　我国规划标准及政策文件中口袋公园的相关概念及指标规定

颁布时间	标准名称	相关概念	内涵	指标规定
1993 年	《城市居住区规划设计规范》(GB 50180—93)	小游园	为小区居民服务,公共开敞	面积 0.4～1 hm²
2002 年	《城市绿地分类标准》(CJJ/T 85—2002)	小区游园	为一个居住小区的居民服务、配套建设的集中绿地	服务半径 0.3～0.5 km
		街旁绿地	位于城市道路用地之外,相对独立成片的绿地,包括街道广场绿地、小型沿街绿化用地等	绿化占地比不低于 65%
2016 年	《公园设计规范》(GB 51192—2016)	居住小区游园	必须设置儿童游戏设施,同时应照顾老年人的游憩需要	面积大于 0.5 hm²
		街旁游园	应以配置精美的园林植物为主,讲究街景的艺术效果并应设有供短暂休憩的设施	绿化占地比大于 65%
2017 年	《城市绿地分类标准》(CJJ/T 85—2017)	游园	用地独立,规模较小或形状多样,方便居民就近进入,具有一定游憩功能的绿地	绿化占地比不低于 65%
2018 年	《城市居住区规划设计标准》(GB 50180—2018)	5 分钟生活圈居住区公园	5 分钟生活圈内,为居住区配套建设、可供居民游憩或开展体育活动的公园绿地	面积不小于 0.4 hm²;宽度不小于 30 m;体育用地占比 10%～15%
2019 年	《城市绿地规划标准》(GB/T 51346—2019)	游园	同《城市绿地分类标准》(CJJ/T 85—2017)	人均指标不低于 1 m²;面积 0.1～1 hm²;服务半径 300 m
2022 年	《住房和城乡建设部办公厅关于推动"口袋公园"建设的通知》(建办城函[2022] 276 号)	口袋公园	面向公众开放,规模较小,形状多样,具有一定游憩功能的公园绿化活动场地	面积 0.04～1 hm²

年代后我国城市开始逐渐转变发展模式、提升发展质量,"内涵发展""存量盘活"等规划理念开始主导规划建设实践。在该过程中,城市建成区成为规划调控重点区域,由于小微绿地在建成环境下展现出了布局灵活、就近服务、造价低廉、维护便利等特点,并在缓解高密度地段游憩空间供需矛盾方面具有特定优势,它的规划发展开始逐渐受到更多重视。

2011年,住建部副部长仇保兴在我国首次明确提出"微绿地"概念,并建议将之作为城市微循环变革的重要一环,2017年住建部颁布《住房城乡建设部关于加强生态修复城市修补工作的指导意见》中倡导通过"拆迁建绿、破硬复绿、见缝插绿等,拓展绿色空间",随后相关规划标准的相继颁布和完善为小微绿地在我国城市中的发展创造了良好条件(表1-2)。2022年,住建部颁布的《住房和城乡建设部办公厅关于推动"口袋公园"建设的通知》在国家层面正式提出"口袋公园"概念,并要求在全国推动口袋公园发展建设。以口袋公园为主体的小微绿地成为我国城市内部户外游憩空间拓展的主体。

1.2 口袋公园的概念内涵

1.2.1 狭义的口袋公园

"口袋公园"是特定时期城市经济、社会、空间环境等多种因素共同作用下的产物。早期"口袋公园"概念的产生主要用以描述孕育于美国城市格网化肌理和高密度建筑缝隙中的特定开放空间,它实际上同时概括了此类开放空间的尺度、形态和边界环境三方面特征,分别为:1)口袋公园的面积远小于传统的大型城市公园,即像"口袋"一样小巧;2)口袋公园外形通常较方正,呈现出"口袋"形状;3)口袋公园通常嵌入街区,三面被建筑围合,一面朝城市开敞,即宛如三面闭合、一面开口的夹克"口袋"(图1-15),因而巴尔的摩政府在1960年代曾把此类公园称为"街区内嵌式公园(inner block park)"。根据此界定模式,口袋公园需同时具备尺度、形态和边界三方面特征属性。由于有多方面的特征属性要求,该概念在实际应用中虽然指向明确,但应用空间也被大大限缩,因此可将之视为"狭义"的口袋公园概念。

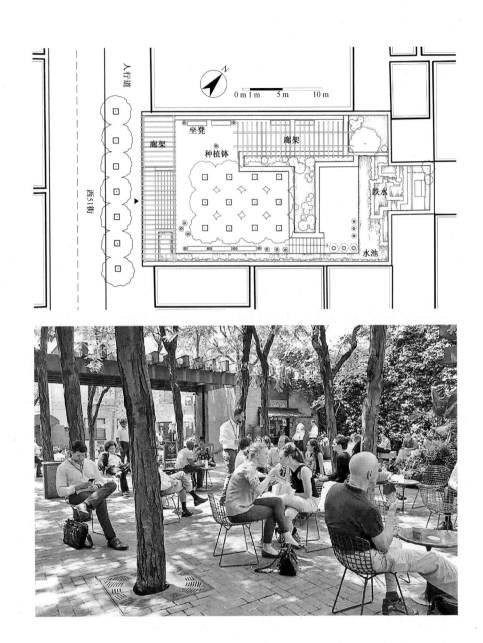

图1-15 [美国]格林埃克
公园平面图和实景图
实景图图源：htps://www
telf. org/sites/defaul/files/
micrositeslandslide2017/
greenacre－park htmal

口袋公园规划设计原理与方法

1.2.2 广义的口袋公园

随着口袋公园概念应用的日趋广泛,其概念内涵开始逐渐拓展和泛化。该过程中最明显的特征就是"口袋"小微尺度属性仍被强调,而形态和边界属性特征则被不断弱化。例如,在 2020 年美国"公共土地信托(The Trust for Public Land)"颁布的指引文件《口袋公园工具包(Pocket Park Toolkit)》中阐明"'口袋公园'的界定依据为它的尺度",并将口袋公园定义为"占用不到一英亩土地(约 0.4 公顷)的公共公园空间"。

由于"口袋公园"概念普及性较高且生动形象,在许多国家的规范标准或规划文件中,直接依据面积标准将"口袋公园"列为公园服务体系中的一个类型或级别。例如,2004 版《伦敦规划:大伦敦空间发展战略》建立了包含区域公园、都市公园、地区公园、本地公园与开放空间、小型开放空间、口袋公园在内的六级公园服务体系,公园的面积和服务半径随层级递减;其中,口袋公园面积设为小于 0.4 公顷,服务半径小于 400 米。

审视此类概念界定模式可发现,除了作为公园的公共性特征外,口袋公园概念形成初期的形态和边界属性限制已被突破,尺度成为界定口袋公园的唯一标准。这也意味着只要能满足面积要求,各种形态、位置和边界环境的绿色公共空间均可被归入口袋公园范畴。由于限制条件较少,该概念界定模式可被视为"广义"的口袋公园概念。

本书中"口袋公园"均采用广义概念。由于仅强调面积尺度特征,广义的"口袋公园"基本等同于"小微型公共绿地"。例如,我国住建部 2022 年颁布的《住房和城乡建设部办公厅关于推动"口袋公园"建设的通知》(建办城函[2022]276 号)中将"口袋公园"定义为"面向公众开放,规模较小,形状多样,具有一定游憩功能的公园绿化活动场地,面积一般在 400 至 10 000 平方米之间"。在该定义下,"口袋公园"囊括了所有符合面积规定的游园、袖珍公园、街旁绿地、街心花园、广场绿地等不同形式小微型公共绿地。

1.3 口袋公园的要素范畴

意大利学者乌戈·拉·彼得拉(Ugo La Pietra)对口袋公园的核心价值描述为"它的建设不意味着要通过复杂昂贵的设计来创造更多美丽的城市空间,因为美观并非该绿地的主要目标和用途。此类空间不应以其庄重外观和精致材料来'虚张声势',而应是最受欢迎的空间,并让每个人都能从中享受生活并有家一般的舒适体验"。可见,与传统"公园绿地"概念强调用地权属及管理责任方不同,"口袋公园"概念更强调空间的实际使用潜力和价值,具有更大的包容性和实效性。由于在用地权属和管理上具有更大灵活性,使得能被纳入口袋公园的要素较之传统公园绿地更为广泛。

值得注意的是,口袋公园虽强调绿地尺度特征,但尺度并非判定口袋公园唯一依据。参考国内外相关标准,口袋公园要素除了需满足尺度条件外,还应具备开放性和共享性。这也是住宅庭院、封闭管理小区的组团绿地和宅间绿地等通常不被纳入口袋公园范畴的关键原因。将上述特征与用地属性结合,符合口袋公园属性标准的要素既包含规划用地独立、政府直接管理维护的小体量"正规绿地(formal green space)",也包含不属于独立规划绿地的"非正规绿地(informal green space)",即附属于其他类型用地的开放性绿色空间。

1.3.1 "正规绿地"范畴下的口袋公园

正规绿地通常拥有专门独立的绿化用地,并由公共部门投资建设和维护管理。对照我国《城市用地分类与规划建设用地标准(GB 50137—2011)》和《城市绿地分类标准(CJJ/T 85—2017)》,属于正规绿地的类型包含"G1 公园绿地"和"G2 防护绿地",而"G3 广场用地"由于其部分功能与城市绿地高度重合,目前在用地分类体系中也被合并至绿地类型中,因而也可被视为正规绿地的一类。在上述正规绿地中,凡是尺度满足口袋公园尺度标准的均可被视为口袋公园,其中包括小体量游园、具有公共游憩功能的小型防护绿地及小型广场用地。

1.3.2 "非正规绿地"范畴下的口袋公园

目前对于非正规绿地这一概念没有统一界定,绿地"非正规性"认定主要涵盖用地性质"非绿地化"、实际职能"绿地化"以及管理维护"松散化"三个层面。其中,用地性质"非绿地化"指其在规划中的预设用地性质并非"绿地";实际职能"绿地化"指其在实质上发挥着城市绿地相关职能;管理维护"松散化"指用地上的活动和各类要素管护相对正规绿地宽松,且不受用地权利人过多限制。

在该基本共识下,不同学者对"非正规绿地"概念范畴界定仍有差异,最显著分歧存在于对管理维护"松散化"程度、公共性以及空间范畴的认定上。其中,鲁普雷希特(Rupprecht)等学者将"非正规绿地"定义为一种"准公共绿地",并将非正规绿地空间范畴锁定在有"人工强烈干预"的建成环境范畴下,同时将具有"无管护自生植被"作为判定"非正规绿地"的核心标准之一。该界定对"非正规绿地"条件认定较严苛,可视为狭义的界定模式。

西科尔斯卡(Sikorska)等学者则认为"非正规绿地"既包含"公共性"开放绿地,也包含私人庭园及住区绿化等"非公共性"封闭绿地。而要素空间范畴可拓展至自然环境中的农田、保护地等区域,并认为管理维护"松散化"仅存在于使用管理上,即不强调"无管护自生植被"这一特质。该界定对"非正规绿地"条件认定相对宽松,可视为广义的界定模式。

在我国规划体系中,非正规绿地由于不具备独立绿地地块,应属于城市绿地分类体系中"XG附属绿地"。结合既有非正规绿地界定模式及我国基本国情,适宜我国规划体系的"非正规绿地"概念界定应重点锁定具有规划调控价值的部分要素,即建成环境下具备公共性或公共开放潜力的附属绿地。该范畴界定较接近鲁普雷希特版狭义的概念界定模式,即强调要素建成环境属性和公共开放属性。但我国高密度城市建成区开发饱和度较高,废弃地、空地等无管护用地占比相对较低,如坚持"植被自生无管护"属性要求将大大限缩可调控要素的范畴。为在规划调控中整合各类潜在资源、完善城市绿地服务体系,可参照西科尔斯卡版界定模式放宽对于管护"松散化"程度认定要求(表1-3、表1-4)。

表 1-3 非正规绿地相关概念界定模式及其特征

概念	涵盖要素	管护形式		空间范畴		开放性	
		有管护	无管护	建成环境	自然环境	公共性	非公共性
狭义非正规绿地	街旁空间、空地、墙间空隙、铁路沿线空间、棕地、滨水空间、设施复合空间、微场地、电线沿线空间	—	●	●	—	●	—
广义非正规绿地	保护地绿地、空地、工业和后工业区域、城市道路绿地、社会服务区域绿地、游憩区域绿地、草地和农田、公共设施服务性绿地、滨水绿地、庭园绿地、小区绿地	●	●	●	●	●	●
我国《城市绿地分类标准》中"附属绿地"	居住、公共管理与公共服务设施、商业服务业设施、工业、物流仓储、道路与交通设施、公用设施用地附属绿地	●	●	●	—	●	●
我国规划体系中的非正规绿地	具备公共开放性或开放潜力的附属绿地	●	●	●	—	●	—

表 1-4 正规绿地与非正规绿地属性对比

属性	正规绿地	非正规绿地
所属城市用地类型	G 绿地与广场用地	非"G 绿地与广场用地"的各类型用地
所属绿地类型	G1 公园绿地、G2 防护绿地、G3 广场用地	XG 附属绿地
单体规模	不小于 0.1 hm²	面积较小,尺度不限
用地形式	独立用地地块	非独立用地地块
空间界定	用地边界明确	边界模糊,阈限性较强
管护部门	城市绿化管理部门	用地主体单位或机构
管护程度	较严格	较松散

作为"非正规绿地"的口袋公园应是面积小于社区公园门槛面积、具备公共游憩功能的附属绿地。现实中,大部分口袋公园均属于非正规绿地范畴,其类型涵盖了居住用地附属绿地、公共管理与公共服务设施用地附属绿地、商业服务业设施用地附属绿地、道路与交通设施用地附属绿地等。由于附属绿地面积在城市绿地总面积中占比很高(通常接近或超过一半),它也将成为口袋公园发展用地的主要来源。

1.4　口袋公园的价值

1.4.1　城市层面

在城市层面,口袋公园的广泛发展能在发展空间极端受限条件下,大幅增加高密度地段游憩机会,并将城市绿色服务网络延伸到常规公园绿地无法企及的地段,成为绿色服务救济、公共资源公平配置的有效工具。挪威学者海伦纳·诺德海(Helena Nordh)很形象地将口袋公园比作城市肌理中的"绿色踏脚石(green stepping stones)",即"作为大公园的服务补丁来满足居民每天与大自然接触的需求"(图1-16)。

图1-16　"绿色踏脚石"[南京]红星广场平面图和实景图

在我国,由于城市密度普遍较高,而高密度城市游憩资源的稀缺致使不同类型城市绿地等级化特征在日常游憩服务中被弱化,并呈现出服务扁平化趋势(图1-17)。该趋势在 2000 年代各城市相继取消综合公园门票收费后越发明显,也使原本定位为周末游憩地的综合公园逐渐成为附近居民重要的日常游憩地。在该趋势下,口袋公园成为城市绿地功能和空间结构优化过程中"常规城市绿地+"的重要选项,也被视为改善居民生活品质、推动城市可持续发展的重要保障。

另一方面,口袋公园的大量发展还能让城市众多活力较低、废弃或低效的消极空间得以焕发新生,从而成为更大范围城市片区更新再生的触媒。这种操作机制也被喻为"城市显微手术干预(interventions of urban microsurgery)",即"一项在严格受限表面上开展的极度精准工作"。其具体实施原理是将口袋公园视为规划工具,用小规模、定制化项目精准修复和治愈问题地点,激活更大范围城市片区或结构,达到"四两拨千斤"的效果。

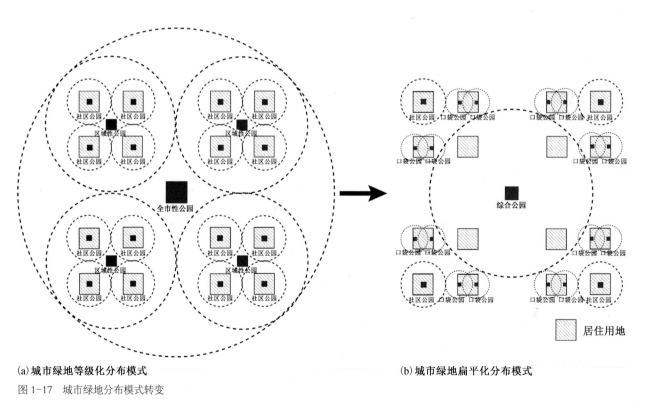

(a) 城市绿地等级化分布模式　　　　　　　　　　　　(b) 城市绿地扁平化分布模式

图 1-17　城市绿地分布模式转变

　　　　　　　　　　　　　　　　　　　　　　口袋公园规划设计原理与方法

1.4.2 社区层面

在建设饱和度较高、户外游憩空间匮乏的高密度社区中，与较大体量常规公园绿地(如综合公园、社区公园等)相比，小体量的口袋公园具有更好的发展潜力和环境适应性。在社区中，口袋公园常被视为珍贵的"户外起居室(outdoor living room)"，成为社区居民相互交流、亲密接触的重要场所，并能有效增进现代城市社区居民的归属感和幸福感(图1-18)。查尔斯·泰勒(Charles Taylor)曾将口袋公园空间描述为"在这个空间里，人们可以与他人轻松交流日常生活习俗知识，不怕受到其他文化的影响而丧失自己身份"。

同时，口袋公园也能为居民创造出一系列邻近便捷的户外游憩机会。这种高密度环境下难得的邻近便利性能节约居民户外出行时间成本，大幅提升居民游憩出行意愿，对现代社会中年和青年人群身心健康维持和改善具有重要意义。对老年人或其他行为活动受限人群而言，邻近口袋公园除具上述价值外，还能减少其在往返游憩地时对城市干路穿越，降低安全风险，在"就近"服务基础上，做到"就地"服务。

图1-18 [南京]水佑岗口袋公园平面图和实景图

1.4.3　其他价值

随着近年来全球城市生态和环境问题加剧,口袋公园在生态保护和环境治理上的功能也被日益重视。例如相关研究已经发现,口袋公园能为城市中的鸟类、授粉类昆虫、小型爬行和哺乳动物等生物提供食物来源和停泊地,从而增进城市物种多样性;口袋公园上的软质地被及自然阴影能有效降低周边地段的地表温度,有效改善城市局地小气候;如果能与城市雨洪管控系统结合规划设计,口袋公园还能在地表径流阻滞、雨洪收纳和调蓄上发挥积极作用,降低城市内涝风险。

1.5　口袋公园规划设计中的问题与挑战

1.5.1　口袋公园基本属性认知

与较大体量常规公园绿地相比,口袋公园自身功能属性和服务机制均有一定特殊性,其在规划中所遇到的问题及应对策略较之常规公园绿地规划也将存在较大差异。口袋公园小体量的特质限制了其服务容量,这也决定它无法像大体量公园绿地一样采取中心集中式服务模式,转而不得不采用分散就近的服务模式(图1-19),导致常规的"自上而下"公园绿地规划范式很难适用于口袋公园规划当中。

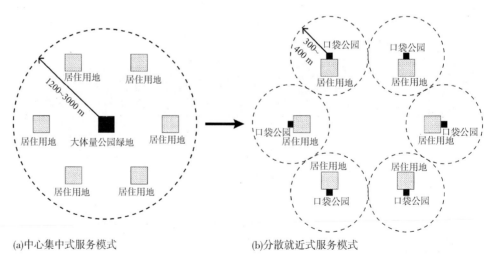

图 1-19　城市绿地服务模式转变　　　　　(a)中心集中式服务模式　　　　　(b)分散就近式服务模式

口袋公园规划设计原理与方法

由于当前对于口袋公园基本属性及服务机制缺乏深入认知和系统梳理,致使在规划实践中难以把控,并常会产生口袋公园功能定位模糊、布局随机性强、协同性弱等问题,最终留下空间发展失衡、功能服务失调、用地资源浪费等隐患。

1.5.2　口袋公园在建成环境中的适应协调

口袋公园规划设计实践多开展于高密度建成环境当中,环境中既有的空间、社会、文化等多种要素均会对口袋公园规划设计产生影响,这些影响主要集中在口袋公园规划选址以及服务绩效两个层面。例如,建成环境下既有的空间肌理和形态、用地类型与权属等因素将对口袋公园选址和发展可行性产生直接影响,而选址确定后周边居民的分布和密度、设施类型、用地开发强度等因素将直接影响口袋公园的服务绩效。如果要使口袋公园规划设计达到"事半功倍"的目标,则需在规划实践中充分"借力"既有环境因素,一方面有效整合建成环境中的积极因素助力口袋公园发展,另一方面屏蔽消极因素的干扰和影响。但由于建成环境影响因素众多且各类因素作用方式各异,目前要在规划中进行针对性的把控和响应仍有较大难度。

1.5.3　口袋公园组群协同

由于口袋公园面积受限,游人容量较小,在规划中仅采用"随机型"的个体布局模式很难有效缓解高密度地段游憩空间的供需矛盾。因此,1960年代美国大城市在口袋公园发展初期就提出建立口袋公园体系来弥补高密度社区常规公园绿地缺位的策略。尤其在当前城镇化水平日益提升、城市人口密度不断增加的背景下,为高效响应和分摊高密度城市集中的居民游憩诉求,规划建立"协同型"口袋公园组群已是大势所趋。但在实际游憩服务过程中,邻近口袋公园除了能够协同互补外,还可能存在相互竞争和抑制效应。相关调查显示,相互邻近绿地如功能定位、设计风格、设施配置等方面同质化程度过高,可能加剧绿地间的竞争效应,影响资源配置效率。因此,在规划中除了需要在单体层面做到每个口袋公园的适宜布局外,还需要对口袋公园的相互作用方式进行引导和调控,并最大程度激发出口袋公园间的协同效应,从而实现口袋公园组群服务绩效的最大化。

1.5.4　调控思维与途径转变

　　口袋公园自身属性的独特性以及规划环境的复杂性决定了其调控思维与途径也将有别于常规公园绿地。其中,首先需要将快速城镇化阶段的"绿地体系建构"型思维转换为以问题和需求为导向的"绿地体系调适"型思维。调控思维转换也将带来调控目标与指标、调控方法技术、实施保障途径等方面的一系列改变。例如,传统公园绿地规划通过面积规模指标来主导规划调控,但口袋公园由于单体面积较小,其对公园绿地总面积的增长贡献远不及对游憩机会数量、可达性以及公平性方面的增长贡献。因此,如要在规划中引导口袋公园实现自身价值最大化,就应突破传统过于倚重面积指标的"单轨"调控模式,并建立覆盖可达性、公平性等具有复合型特征的"多轨"调控体系。另一方面,口袋公园在用地形式、服务模式、管控机制等方面也与传统公园绿地存在较大差异,并要求在规划实践中应采用针对性的调控途径和实施保障措施,这对于已经习惯于应用传统范式编制相关规划的规划师和决策者而言亦是一大挑战。

第 2 章　口袋公园属性特征

口袋公园基本属性可依据字面意思拆解为"口袋"和"公园"两个关键点。"口袋"是尺度属性,即口袋公园面积较小,通常小于社区公园门槛面积(在中国为 1 公顷);"公园"是功能属性,指它应具备公园的公共开放性和游憩服务职能。同时,作为城市绿地的口袋公园还应具备一定规模的绿色自然要素,并以二维城市土地为基本空间载体,从而区别于没有绿色要素的活动场地以及单纯的垂直绿化、屋顶花园、阳台绿化等类型绿色空间。在明确口袋公园基本属性基础上,可对口袋公园的功能、空间及常见类型与形式展开辨析。

2.1　功能属性

2.1.1　功能类型

口袋公园的快速发展源于对高密度建成环境下游憩空间拓展的探索。美国规划官员协会(American Society of Planning Officials)["美国规划师协会(American Planning Association)"前身]在 1967 年第 229 号研究报告《口袋公园》中指出,"尽管口袋公园服务范围和规模都很有限,但它们代表着为改善更拥挤城市地区环境质量所作的认真努力……它们在户外公共空间稀缺的高密度、低收入社区产生了重要影响,并能为儿童、老年人及其他人群提供充分的游憩设施和相关服务"。目前大部分对口袋公园的研究和规划实践也均围绕其游憩服务功能展开。

基于游憩服务功能,口袋公园还衍生出其他相关功能,包含增进社区识别性和归属感、降低社区犯罪发生率、降低身体和心理疾病发病率、带动城市更新等

(表2-1)。在游憩服务及其衍生功能基础上,近年来对于口袋公园其他相关功能的研究也有所增加,其中较多集中在生物多样性维持、局地气候调节以及雨洪管控三个方面,这些功能可被统一归为口袋公园非主导功能或其他功能。本书讨论的口袋公园规划设计原理与方法主要立足点是基于对口袋公园主导功能(游憩服务)安排,对于口袋公园衍生或其他功能安排不在此书中展开详细讨论。

在讨论口袋公园功能时应注意的是,口袋公园并不能完全替代大体量城市绿地在生态保护、环境改善、部分特定游憩服务等方面的作用。口袋公园小体量的属性也在很大程度上限制了其服务容量,因此对于游憩需求高度集中的高密度城市或城市局部地段而言,口袋公园通常会被视为常规公园绿地的有效补充,并需与其他各类公园绿地整合响应居民游憩需求。

表2-1　口袋公园功能体系

大类	小类	作用原理
主导功能	游憩服务	为各年龄段居民提供邻近游憩服务场地和设施
主导功能的衍生功能	增强社区识别性	具有高质量设计的口袋公园能够成为社区的独特景观,有助于塑造和突出社区自身气质
	增强社区归属感	为社区提供各类人群亲密交流、尺度舒适的场所,增加各类居民、居民与管理人员间的联系,增强邻里共睦性,增进居民幸福感和归属感
	降低犯罪率	激活消极、闲置或低效空间,降低违法行为发生机会,增加居民安全感
	降低身体和心理疾病发病率	为居民提供邻近便利的运动健身场所和设施,提升居民的锻炼意愿和时间,增加居民身体健康水平;有效缓解居民焦虑情绪,释放精神压力,增加居民心理健康水平
	带动城市更新	通过修复城市局部地点,为周边地段注入新的活力,带动更大范围的城市更新再生
其他功能	生物多样性维持	为昆虫、鸟类及其他小动物提供觅食地和栖息空间
	微气候调节	通过绿地、乔木及透水地面来降低热辐射,同时乔灌木等植被及其阴影能有效降低周边地段的热岛效应
	雨洪管控	设置植草沟、生物过滤设施、调蓄设施等措施来收纳和净化雨洪水,并能通过广泛布点形成累积效应

2.1.2　服务模式

不同于大体量公园绿地采取大半径、集中式服务模式,口袋公园主要采取小半径、分散就近的服务模式。对于"就近"的程度认定,每个国家虽然标准并不完全一致,但常见的设定通常是在"5 分钟步行可达范围(200～400 m)"。例如,美国规划官员协会在 1965 年版《户外游憩区域标准》中将最下一级的游乐场(play-lot)服务半径设定为 200～400 米;英国在 2004 年版《伦敦规划:大伦敦的空间发展战略》中对口袋公园及小型开放空间服务半径设定为不超过 400 米;日本将属于口袋公园范畴的"街区公园"服务半径设定为 250 米;我国 2019 版《城市绿地规划规范》(GB/T 51346—2019)中,将属于口袋公园范畴的"游园"服务半径设定为 300 米。

就近服务最显著的优点即能够提升绿地可达性。如设计得当,口袋公园将能有效融入居民日常生活,成为居民日常休闲活动的主要目的地(图 2-1、图 2-2)。从服务端来看,具有良好可达性的绿地通常会具有较高的访问频率和服务绩效,这也有利于城市土地集约利用。同时,分散就近的服务模式也更有利于结合不同群体居民的特定需求进行服务精准响应,例如各个口袋公园可结合周边小规模居民群体的特定游憩偏好进行针对性的空间安排和设施配置,从而提升游憩服务满意度。这种精准响应特质使得口袋公园在调节优化城市绿地服务体系、缓解城市游憩资源供需失衡矛盾等方面形成了自身的独特价值。

2.1.3　服务内容

口袋公园的服务主要是为响应邻近居民日常游憩需求,但在不同地理区位和文化背景下,居民群体日常游憩需求也将产生一定差异。我们归纳和整理了6 个不同国家城市对口袋公园使用情况的调查结果,发现各个城市对口袋公园的使用形式各有差异,其中出现频率较高的主要有散步、健身、社交、宠物社交、接触自然等活动。从口袋公园最被居民在意的特质上看,布里斯班、札幌居民同时在意口袋公园自然性和社会性特质,波兰 3 个城市及挪威奥斯陆居民更在乎口袋公园的自然性特质,而哥本哈根和吉隆坡居民更在乎的则是口袋公园社会性特质(表 2-2)。

图 2-1 [南京]铁路北街广场口袋公园居民日常使用情况

图 2-2 [南京]五老村社区口袋公园居民日常使用情况

口袋公园规划设计原理与方法

表 2-2　不同城市口袋公园使用特征及居民最在乎特质调查

调查城市	国家	口袋公园类型	最常见或最向往活动类型	居民最在乎的特质
布里斯班	澳大利亚	非正规绿地	散步、风景欣赏、遛狗、接触自然、亲子活动	邻近性、不拥挤、动植物多样性、无使用限制、用途多样性
札幌	日本	非正规绿地	散步、风景欣赏、接触自然、遛狗、户外运动	邻近性、不拥挤、动植物多样性、无使用限制、独特性
克拉科夫、洛兹、波兹南	波兰	非正规绿地	宠物活动、社交活动、风景欣赏、野趣、接触自然	微气候、野趣、生态性、风景优美、集中绿化
奥斯陆	挪威	小游园	休憩闲聊、阅读书写、饮食、健身活动、社交活动	草地、花卉、水景、乔灌木、空间围合性
哥本哈根	丹麦	口袋公园	社交活动、休息和缓解疲劳	咖啡馆、多样化座位、桌子、铺砌小径、绿色地被
吉隆坡	马来西亚	口袋公园	缓解压力、短暂休息、会友、午饭散步、接触自然	—

资料来源：Rupprecht, 2015；Nordh, 2013；Pietrzyk-Kaszyńska, 2017；Peschardt, 2016；Balai Kerishnan, 2020。

　　我们也对南京市主城区共 74 个口袋公园内部人群活动展开了调查。根据国内外对于公园内部游憩活动的划分框架及我国城市居民的户外游憩活动特点，将口袋公园内部人群游憩活动分为个体锻炼健身活动、休闲娱乐活动、家庭与社交活动、群体健身活动、其他活动五个类型。调查结果显示，口袋公园中休闲娱乐活动(闲坐、棋牌活动、饮食等)人数占比最高，其次是群体健身活动(广场舞、健身操等)和家庭与社交活动(亲子活动、邻里交谈、宠物社交等)，再次是个体锻炼健身活动(器械健身、太极、球类运动、轮滑等)和其他活动(打电话、站立等待等)。

2.1.4　服务弹性

　　与大体量公园绿地拥有体系完整的功能及场所分区不同，口袋公园空间条件受限，因而功能和活动场地通常相对单一且较集中，需在有限空间条件下响应高强度、多样化游憩需求。因此，在内部功能服务设定时不能遵循大体量公园绿地采取服务分区和独立划片思路，而需通过提升场地的使用弹性来增进空间的使用强度、紧凑度及包容共享度，从而满足各类人群密集多样的游憩活动需求。这种紧凑性和共享性的产生,很多情况下是空间受限条件下被迫将就妥协的结果,但在客观上却激发了口袋公园自身的服务潜力和效率,延展了口袋公园的时空服务能力,在一定程度上弥补了口袋公园自身体量上的短板。

口袋公园的共享使用模式也可分为"同时段共享"和"分时段共享"两种类型。

"同时段共享"主要指口袋公园在同一时段兼容多种人群的不同行为活动。例如南京市520学生运动纪念园在工作日傍晚时段通常会有广场舞操、个人锻炼、儿童运动、宠物活动及休闲社交等活动同时发生(图2-3)。这种口袋公园的紧凑使用和包容共享也创造出了很多非常规的游憩机会和行为模式。在调查中我们发现很多带儿童出行的家长或老年人,可在口袋公园场地上参与集中的广场舞操或其他社交活动,而各家儿童可在场地视线可及的空间内进行儿童游戏或运动。在该情境下,口袋公园实际上同时为老年人和儿童群体各自游憩需求的满足创造了便利条件和机会,而此类使用模式在场地分区过于明确的绿地内部发生概率则要低得多。

图2-3 [南京]520学生运动纪念园傍晚时段的中、老年人和儿童活动

口袋公园规划设计原理与方法

"分时段共享"即口袋公园使用在全天不同时段被不同人群或行为活动所主导,这种现象的产生主要源于各个时段使用人群的需求差异。以我们调研南京市主城区 74 个口袋公园样本分时使用模式为例,工作日全天四个时段经历了两次转换。其中,工作日清晨以个体锻炼健身使用为主,上午和下午两个时段的主导使用则转换为休闲娱乐活动,到了晚上的主导使用再次转换成以群体健身活动为主。而在周末各个时段口袋公园的使用结构与工作日基本相同,与工作日主要区别在于清晨主导使用模式由个体锻炼健身转换为群体健身活动(图 2-4、图 2-5)。

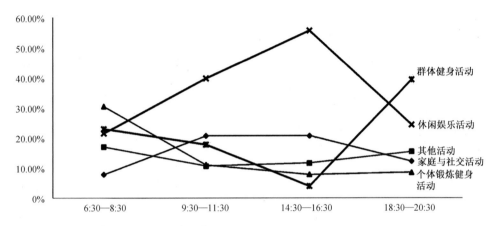

图 2-4　工作日四个时段的五类活动占比情况

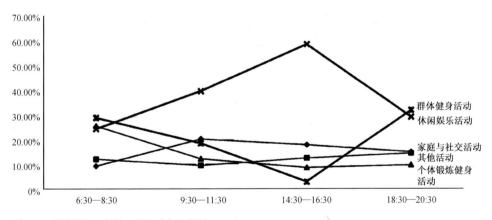

图 2-5　周末四个时段的五类活动占比情况

分时段的使用模式差异在单体层面也有较多体现。以白下路秦淮河交叉口北游园秋季(11月中旬)使用为例,其在清晨、上午、下午和晚上的使用模式均有较大差异,其中清晨以集体舞操为主,上午以邻里交流及亲子活动为主,下午场地被棋牌活动占据,晚上则有少量的遛宠休闲活动。这种口袋公园场地的分时弹性使用既满足了不同人群的差异化需求,也维持了绿地的活力,提升了高密度地段土地的使用效率(图2-6)。

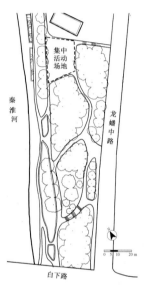

图2-6 [南京]口袋公园分时段使用案例——南京市白下路秦淮河交叉口北游园(2020年11月13日,周五,晴,平均气温16℃。面积6 210 m²)

(a) 清晨(6:30—8:30)——集体舞操

(b) 上午(9:30—11:30)——邻里交流及亲子活动

(c) 下午(14:30—16:30)——棋牌活动

(d) 晚上(18:30—20:30)——遛宠休闲活动

口袋公园规划设计原理与方法

2.2　空间属性

2.2.1　面积与形态

目前各国对于口袋公园的尺寸没有统一的界定标准。根据美国学者克莱尔·马库斯(Clare Marcus)的推导,口袋公园单体面积应在1~3个宅基面积。但由于不同城市人口密度及用地现实条件存在差异,对于口袋公园面积的认定也不相同。在用地紧张的纽约市口袋公园面积大多不超过 0.1 hm^2,但在地广人稀的得克萨斯州部分城市内部口袋公园面积则可到 1 hm^2 左右。由此可见,口袋公园难以找到绝对"一刀切"型的尺寸标准,较适宜结合各个地区城市空间和资源的现实条件采用相对标准来界定。而目前共识度最高的相对标准即"面积小于当地社区公园(或邻里公园)的门槛面积"(表 2-3)。

表 2-3　口袋公园相关概念及其面积规定

国家或地区	年份	名称	面积/hm^2	来源
美国	1965	儿童游乐场	0.02~0.45	《户外游憩区域标准》
	2020	邻里运动场	0.8~2.8	
		口袋公园	≤0.4	《口袋公园规划手册》
英国	2004	口袋公园	≤0.4	《伦敦规划:大伦敦空间发展战略》
澳大利亚	2008	口袋公园	0.25~1	《西区开放空间与景观总体规划》
日本	1995	街区公园	0.25	《都市公园法》
中国香港	2011	公众绿化空间	>0.05	《私人发展公众游憩空间设计及管理指引》
中国大陆	1992	居住小区游园	>0.5	《公园设计规范》
	1993	小游园	0.4~1	《城市居住区规划设计规范》
	2018	5分钟生活圈居住区公园	>0.4	《城市居住区规划设计标准》
	2018	街心花园	0.05~0.5	《上海市街心花园建设技术导则(试行)》
	2019	游园	0.1~1	《城市绿地规划标准》
	2022	口袋公园	0.04~1	《住房和城乡建设部办公厅关于推动"口袋公园"建设的通知》

在空间形态(尺寸、比例等)控制上,西摩曾建议纽约市口袋公园理想尺寸是50英尺(约15米)×100英尺(约30米);部分学者从保障空间使用率及空间体验品质角度出发建议三面被建筑围合口袋公园,深宽比不要超过5∶1;在香港《私人发展公众游憩空间设计及管理指引》中除了建议小微型"公众绿化空间"长宽比不要超过3∶1,还提出形态完整能开展集中活动的主空间面积占比应超过75%。还有国外相关研究建议,以保持口袋公园空间尺度亲密性为目标来对它的尺寸展开控制。例如,研究显示绿地内人群在相距不超过75英尺(约23米)条件下能通过提高音量来展开交谈,同时可基本看清对方面部表情。

2.2.2　要素构成

较之大体量公园绿地,口袋公园内部构成相对简单,从分区来看可分为软质绿化场地和硬质活动场地。美国早期的邻里运动场设计原型即遵照这个思路来进行空间划分和要素安排,其推荐的设计原型即将绿化设置在场地外围,而将内部场地集中用作游憩活动区(图2-7)。在条件允许的情况下,可根据高组织度和低组织度活动、动态和静态活动、老年人和儿童活动等标准进行空间划分,另外该设计原型还建议设置健身、遮蔽、戏水池等相关设施服务于不同人群。

我国《公园设计规范》(GB 51192—2016)对于面积小于 2 hm² 的公园绿地规定内部用地主要由三部分构成,分别为绿化(>65%)、游憩建筑和服务建筑(<1%)、园路及铺装场地(15%～30%)。对于设施配置的规定中包含"应设设施"共 6 类和"可设设施"共 16 类。与大体量公园绿地相比,属于口袋公园范畴的小型游园设施配置要求相对简单和宽松,其中应设设施全部为非建筑类设施,建筑类设施全在可设设施范畴,即由设计师根据场地条件和使用需求来进行配置(表2-4)。

由此可见,在规划设计过程中,口袋公园虽无法如大型公园绿地一样配备完善的设施和其他服务要素,但却在设施和要素配置上预留了较大弹性。而要选取适宜的设施,并得到各类要素的最佳组合方案,需在口袋公园设计方案制定中突破传统"大而全"范式思维的限制,始终以社区居民需求为导向,并结合场地条件来进行"定制化"配置。例如,某地段居民更希望为儿童安排足够的活动场地和运动设施(图2-8),但另一地段居民则可能更倾向于为老年人健身和集中活动设置相关设施和场地,这就需要在设施配置和空间安排方案中展开针对性响应(图2-9)。

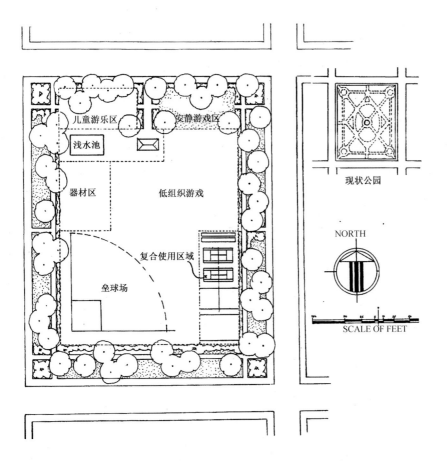

儿童游乐区　安静游戏区

浅水池

器材区　低组织游戏

复合使用区域

垒球场

现状公园

NORTH

SCALE OF FEET

图 2-7　［美国］邻里运动场
设计原型
图源：Moeller，1965。

表 2-4　《公园设计规范》(GB 51192—2016)对于小型游园设施配置规定

设施类型		应设设施	可设设施
游憩设施	非建筑类	休息座椅、活动场	棚架、游戏健身器材
	建筑类	—	亭、廊、厅、榭
服务设施	非建筑类	自行车存放处、标识、垃圾箱、圆灯	饮水器、公用电话、宣传栏
	建筑类	—	厕所、售票房、小卖部、医疗救助站
管理设施	非建筑类	雨水控制利用设施	围墙、围栏、泵房
	建筑类	—	管理办公用房、广播室、安保监控室、应急避险设施

图 2-8 ［南京］511 公园儿童
游乐设施

图 2-9 ［南京］龙蟠中路西
侧绿地老年人活动设施

口袋公园规划设计原理与方法

此外,对于大量属于"非正规绿地"的口袋公园而言,其内部要素设置将具有更大灵活性。例如,若能适当增加"绿化用地占比"指标的弹性空间,将为拓展口袋公园服务空间和容量创造有利条件。目前在大多数口袋公园上的常见做法是将场地空间尽可能让渡给游憩活动使用,同时通过竖向绿化、可移动绿化等措施,让空间"保绿"和"增绿"。以纽约市著名佩雷公园为例,其内部地面除了树池外,几乎全为活动场地,而场地内绿色要素主要源于墙面绿化、可移动花盆和乔木树冠。这也符合口袋公园强调自身包容性和实用性的核心功能属性要求。

若从三维空间构成视角来重新解构口袋公园内部要素,可将口袋公园要素分为周边围合、地面、遮盖物、焦点四个类型。其中,周边围合包含口袋公园周边建筑墙体、围栏等空间界定物,涵盖了建筑墙体上的竖向绿化、跌水、绘画等要素;地面则包含地面植被、铺装形式、家具设施等要素;遮盖物则包含乔木树冠、棚架、建筑屋顶等要素;焦点则包含口袋公园中的建筑物、亭廊、水景等能够起到视线或活动聚焦作用的要素(图2-10)。

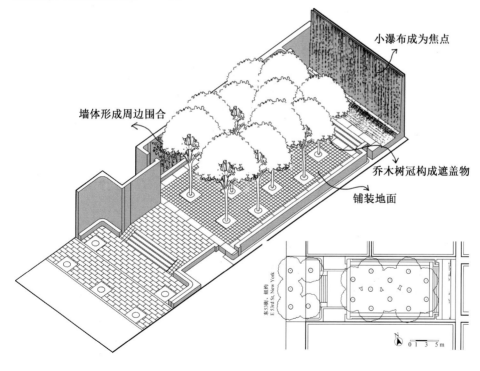

图2-10 [美国]佩雷公园空间要素分析及其平面图

2.2.3 空间特质

口袋公园空间通常部分被建筑围合,但对城市也需保持一定临街开放性。例如,纽约市早期口袋公园林内特·威廉姆森牧师纪念公园和佩雷公园均为三面被建筑围合、一面临街开放的空间(图 2-11、图 2-12)。在香港,为了保障口袋公园的公共性和开放性,规定小微型公众绿化空间临街开放度应大于 30%,临街边界长度不低于 13.5 米。城市肌理和密度的差异也会让口袋公园临街开放度产生较大变化,例如南京市口袋公园临街开放度(临街开放边界在绿地周长中占比)较纽约和香港要高出许多,在我们调查的 74 个口袋公园样本中临街开放度平均值达到约 65%,即大部分口袋公园有两至三面临街开放(图 2-13、图 2-14)。

由于绝大部分口袋公园均由城市中的间隙空间、边际空间、角落空间等转换而来(图 2-15),该类空间通常被视为具有较明显"阈限性(liminality)"特征(图 2-16—图 2-18)。"阈限性"指的是一种介乎性、中间性或模糊性状态,即"松散空间的不确定性"。"阈限空间(liminal space)"通常位于边界地段,以涌现性、变化性、流动性和延展性为特征,既不与环境分离,也不自我封闭。

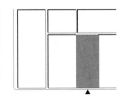

图 2-11 一面临街开放口袋公园典型模式

图 2-12 [美国]佩雷公园实景图

图源: pps. org/places/paley-park

口袋公园规划设计原理与方法

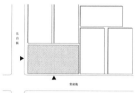

图 2-13 两面临街开放口袋公园典型模式

图 2-14 [南京]长白街常府街交叉口游园实景图

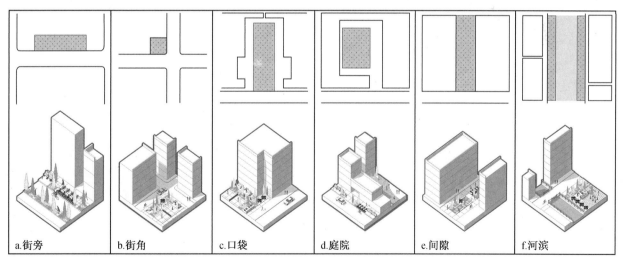

| a.街旁 | b.街角 | c.口袋 | d.庭院 | e.间隙 | f.河滨 |

图 2-15 阈限性空间常见位置示意

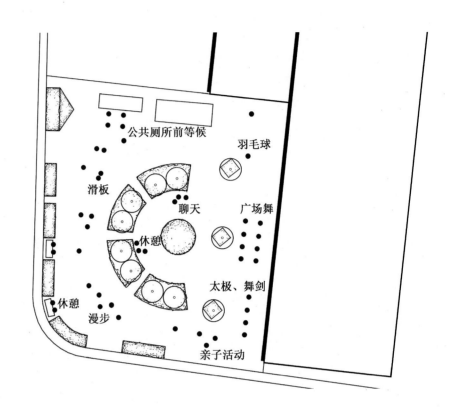

图2-16 活动多样性和偶发
性

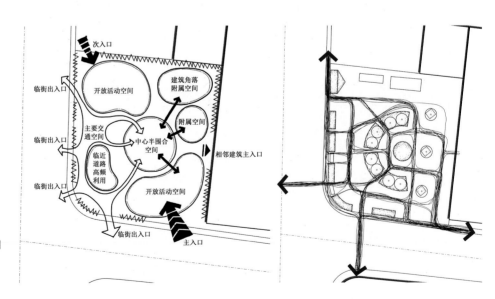

图2-17 边界开放性和模糊
性(左)

图2-18 空间流动性(右)

口袋公园规划设计原理与方法

L. 马哈穆迪·法拉哈尼(L. Mahmoudi Farahani)等共归纳了 17 个相关概念(表 2-5),可作为从不同视角来描述口袋公园空间特质的参照。阈限空间的流动性和延展性特质能够让口袋公园与周边环境产生较为频繁的互动和联系,这也是口袋公园经常被用以作为城市更新触媒、为周边地段注入活力的重要原因。而阈限空间的涌现性和变化性特质,则让口袋公园自身能够拥有常规空间所难以具备的游憩吸引力,例如在布里斯班、哥本哈根等城市口袋公园特质调查中,多样性就被众多周边居民视为口袋公园吸引力的重要特质。此外,阈限空间的模糊性及不确定性则能让口袋公园产生独特的神秘感和探索性,这也成为口袋公园吸引儿童访问的重要特质。

表 2-5　反映口袋公园空间特质的相关概念

中文名称	英文名称	来源
模糊地段	terrain vague	Foster,2014
不活跃地区	dead zones	Doron,2014
副功能空间	parafunctional space	Papastergiadi,2002
剩余空间	leftover space	Akkerman,2009
过剩景观	superfluous landscapes	Nielsen,2002
边际场地或荒地	marginal sites or wasteland	Gandy,2013
不确定空间	spaces of uncertainty	Cupers,2002
城市空地与被忽视景观	urban voids and landscapes of contempt	Armstrong,2006
矛盾景观	ambivalent landscapes	Jorgensen,2007
城市空隙	urban interstices	Tonnelat,2008
反公共空间	counter public	Shaw,2009
意外风景	unintentional landscapes	Gandy,2016
开放式马赛克栖息地	open mosaic habitat	Maddock,2008
中介空间	in-between space	Brighenti,2013
城市荒野	urban wildscapes	Gobster,2011
荒野空间	wild spaces	Threlfall,2018
二手空间	second hand spaces	Ziehl,2012

2.2.4 边界特质

与大体量公园绿地大多用地独立甚至独占完整街区不同,口袋公园通常位于街区或地块内部,其边界特征也较丰富。口袋公园边界类型可分为临街边界、建筑边界和其他边界三类(图 2-19)。其中,临街边界是口袋公园与城市道路沿线公共空间的交界,也是口袋公园出入口设置的主要区域,边界上通常会有自行车停车架、人行道隔挡、台阶、绿化、座椅等要素(图 2-20);建筑边界是口袋公园与建筑的交界,主要有建筑出入口、建筑外墙立面、底层设施等要素(图 2-21);其他边界则主要是口袋公园与上述两种要素以外的交界,如河道水域、市政设施等,此类边界通常不多见,边界要素与口袋公园互动相对较少。

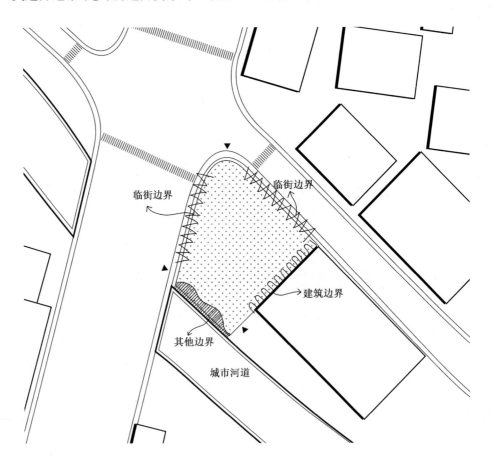

图 2-19　口袋公园边界形式

(a) 人行道隔挡

(b) 座椅

(c) 台阶和座椅

图 2-20　口袋公园临街边界要素

(a) 建筑出入口

(b) 建筑底层设施

(c) 建筑外墙立面

图 2-21　口袋公园建筑边界要素

　　　　　　　　　　　　　　　　　　　　口袋公园规划设计原理与方法

在口袋公园日常服务过程中,许多边界要素与口袋公园空间均有着非常紧密的关联和互动,例如临街边界在交通和视线上越开放越有利于吸引游客进入使用,而建筑边界要素越多样,尤其是底层设施活跃度越高,也有利于激发口袋公园的使用活力。通过统计南京市口袋公园样本边界要素出现率发现,出现率最高的10类建筑设施中排名第一和第二的分别是住宅(36%)和办公(35%),其次是金融(27%)、餐饮(26%)、教育培训(24%)、零售(22%)、酒店(14%)、购物(14%)、医疗(7%)和休闲娱乐(7%)(图2-22)。

通过进一步观察和统计分析,我们发现建筑边界设施除了会影响口袋公园的使用效率外,还会直接影响口袋公园的使用弹性。例如,口袋公园边界上的公共服务设施(办公、金融、教育培训等)与休闲服务类设施(餐饮、零售、购物等)相比,能更有效地促进口袋公园的多样化使用。这主要是因为前者的入口通常都会设置较为集中开阔的场地,这类场地在非办公时间具有良好的照明条件,易于成为居民开展健身运动、集体舞操、邻里交流、亲子活动等休闲形式的适宜场所。而后者由于一直处于运营状态,外部场地需要服务于顾客的通行和停留,反而不易于作为其他游憩活动的场地。

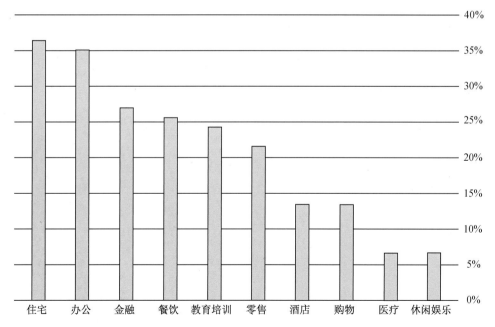

图2-22 南京市主城区 74 个口袋公园边界设施出现率

2.3 常见类型与形式

2.3.1 空间位置

按照口袋公园在街区相对位置将其分为四种类型,分别为街区角落口袋公园(街角口袋)、街区单侧口袋公园(街侧口袋)以及穿越街区口袋公园(穿街口袋)、街心口袋公园(街心口袋)(表 2-6,图 2-23)。其中,街角口袋空间围合性和临街开放性相对均衡,通常较容易吸引人群注意力,使用率较高。街侧口袋通常多面被建筑围合,临街开放度相对较弱,空间相对封闭,例如纽约市大部分口袋公园就属于街侧公园,此类绿地当深宽比过大时,将可能导致远端空间使用率较低。穿街口袋通常呈条带型,绿地对侧边界临街,另外两侧被建筑围合,该类型绿地较多成为捷径穿越型或短暂停留型空间。街心口袋通常开放度最高,该类型绿地较多成为观赏型空间或路人短暂休息停留空间。

表 2-6　不同标准下的口袋公园类型与形式

区分标准	类型	特征描述
空间形态	点状绿地	方形或多边形,主要发挥游憩服务节点功能
	带状绿地	线性条带状,除游憩服务外,还能起到联结作用
空间位置	街角	位于街区角落道路交叉口地段,具有较好开放性
	街侧	位于街区单侧中部,通常三面被建筑围合,一面临街开放,封闭性较强,开放性较弱
	穿街	位于街区中部,对街区两侧街道开放,另外两侧被建筑围合,多为穿越型和短暂停留型使用
	街心	位于街道中央绿化带,全开敞,不被建筑围合,视线开放,但行人使用需穿越车行道
使用主体	儿童游乐型	面积较小,主要服务于学龄前儿童,设置儿童游乐设施
	青少年运动型	面积较大,主要服务于中、小学生,设置各类球场及运动设施
	中老年健身型	面积中等,主要服务于中、老年人,设置健身器械及集中活动场地
	混合兼容型	面积不定,服务于不同人群,面积较小条件下通常设置集中活动场地,面积较大条件下可进行使用分区
管护主体	公共管护型	多为正规绿地,由政府财政拨款并由园林绿化主管部门统一管护
	机构管护型	多为公共管理与公共服务、商业服务业设施等用地附属绿地,由用地主体机构管护
	居民管护型	邻近住区,多属于居住用地附属绿地,在多方协商基础上由居民自发管护

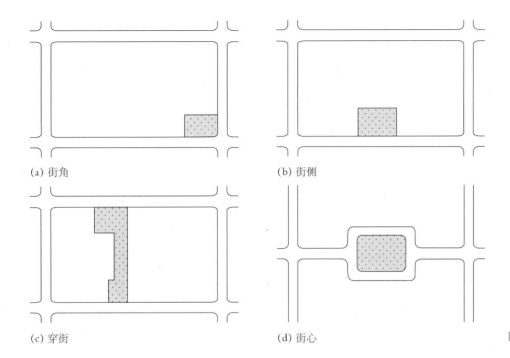

(a) 街角　　　　　　　　　　　　　　　(b) 街侧

(c) 穿街　　　　　　　　　　　　　　　(d) 街心　　　　　　　　　　图 2-23　口袋公园空间位置

2.3.2　使用主体

受限于空间条件,大部分口袋公园难以配置完备的功能分区和服务设施,而会在功能定位和空间安排上根据主要使用主体人群进行侧重。因此,依据使用主体人群的类型可将口袋公园分为儿童游乐型、青少年运动型、中老年健身型、混合兼容型四种类型。儿童游乐型口袋公园通常以学龄前儿童为主要服务对象,设置的设施类型应以沙坑、游戏场、亲子互动设施、软质地面等为主(图 2-24),例如美国 1965 年版《户外游憩区域标准》中设定的儿童游乐场(playlot, 0.02～0.45 公顷);青少年运动型口袋公园使用和设施配置专属性较强,主要以布置球场、球台及其他运动设施为主,为避免干扰应与周边环境及其他功能区进行区隔(图 2-25),例如美国 1965 年版《户外游憩区域标准》中设定的邻里运动场(play-ground,0.8～2.8 公顷);中老年健身型口袋公园则主要为满足中老年人群日常社交及健身活动需求设置,通常需配备一定的座椅、健身设施及集中活动场地(图 2-26);混合兼容型口袋公园服务对象为多种类型人群,该类型口袋公园通常具有较集中的活动场地(部分体量较大绿地也能进行场地区分),能在不同时段或同一时段兼容不同人群行为活动,这也是我国城市中较常见的口袋公园类型(图 2-27)。

图 2-24 儿童游乐型口袋公园——[美国]圣安妮塔游乐场平面图及实景图

图源：https://www.burbankca.gov/web/parks-recreation/santa-anita-playlot

图 2-25 青少年运动型口袋公园——[美国]索米尔游乐场平面图及实景图

图源：https://www.nycgovparks.org/parks/saw-mill-playground

口袋公园规划设计原理与方法

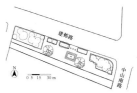

图 2-26　中老年健身型口袋公园——[南京]梅庵北游园平面图及实景图

图 2-27　混合兼容型口袋公园——[南京]和平公园东园平面图及实景图

2.3.3 管护主体

按照管理维护主体来区分,口袋公园可被分为公共管护型、机构管护型以及居民管护型三种类型。其中,公共管护型口袋公园通常是"正规绿地",例如用地独立的"游园",其管护的经费来源和模式与其他公园绿地相同,主要由政府公共财政拨款并由园林绿化主管部门执行(图2-28);机构管护型口袋公园通常属于公共管理与公共服务、商业服务业设施等类型用地的附属绿地,在国外也被称为私有公共开放空间(Privately Owned Public Open Spaces, POPOS),在我国更适合称为"专有公共开放空间",例如办公楼或商场建筑空隙间的口袋公园等,它们的维护通常由用地所属企事业单位、私人团体等机构来统一负责(图2-29);居民管护型口袋公园大多邻近居住区并属居住用地附属绿地,该类型口袋公园在与开发商、物业、居民组织团体等多方协调一致的基础上,可由居民自发负责管理和维护(图2-30)。

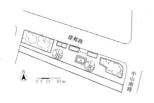

图2-28 公共管护型口袋公园——[南京]建邺路滨河游园平面图及实景图

口袋公园规划设计原理与方法

图 2-29 机构管护型口袋公园——[南京]德基广场口袋公园平面图及实景图

图 2-30 居民管护型口袋公园——[英国]圣迈克尔社区花园平面图及实景图

图源: https://www. liverpoolecho. co. uk/in-your-area/community-garden-overhaul-support-food-18472210

2.4　与常规公园绿地属性对比

作为非常规绿地，小体量的特征让口袋公园在功能和空间上产生了一系列鲜明的特质。这些特质既彰显了口袋公园在高密度城市更新和治理中的价值，也在一定程度上反映出了口袋公园自身功能服务上的局限。为了在规划实践中进一步直观认知和理解口袋公园属性特点，我们根据中国规划标准中关于公园绿地不同等级和类型相关规定，将口袋公园与常规公园绿地中体量较大、特征较鲜明的综合公园相关属性进行对比。可以发现，两者在容量、服务、要素构成、边界、使用及管护主体上均有较大差异(表2-7)。

表2-7　综合公园与口袋公园属性对比

属性	综合公园	口袋公园
面积	>10 hm²	≤1 hm²
容量	>3 000 人	≤300 人
服务半径	>1 200 m	300 m
服务模式	中心式	分散式
服务类型	日常与短假(周末)游憩	日常游憩
设施配置	游憩、服务及管理设施完善	游憩设施为主，选择性设置服务和管理设施
空间划分	有明确的功能和场地分区	如面积较小，可不明确分区。可设主空间和次空间，主空间场地集中设置、弹性利用
内部交通	园路体系完善	如面积较小，可不设园路
空间位置	设置于多个居住区中心地段	多位于居住小区邻近的街角或街侧用地适宜、周边开发强度较高地段
边界特质	多被城市道路围合	建筑与城市道路共同围合
使用主体	各类人群	可针对单一主体人群服务，也可针对多类人群服务
管护主体	绿化管理部门	绿化管理部门、用地主体机构或社区居民

属性对比进一步印证出口袋公园在高密度城市中虽具有布局灵活、就近服务、造价低廉、维护便利等优势，但不能完全替代大体量常规公园绿地在生态保护、环境改善、部分特定游憩服务等方面的作用，而是应与常规公园绿地建立起协同互补的良性关系，从而更高效地推动城市可持续发展。

第3章 内、外部因素对口袋公园服务状态的影响

　　口袋公园的主导功能是游憩服务,因而其服务状态主要指游憩服务状态。目前对于公园绿地游憩服务状态分析主要是围绕绿地服务量及满意度评测来展开。服务量主要通过调查游客访问次数(游客量)来衡量,近年来也有研究将停留时间纳入到服务量衡量当中;满意度则主要是通过问卷或访谈调查各类使用人群的游憩满意程度来衡量。对于公园绿地服务状态及其影响因素的研究已经开展了较长时间,既有研究表明影响公园绿地服务状态的因素可分为内部因素和外部因素两大类型,其中内部因素主要涉及设施、绿化、园路、水域等物质要素;外部因素则既包含外部用地、设施、交通等物质要素,也包含人口规模、人口构成、房价、区位等社会经济要素。

　　但是,既有研究的目标对象大多聚焦于体量较大的常规公园绿地,由于口袋公园在功能和空间属性上与大体量公园绿地差异较大(例如,口袋公园内部无法像大型公园绿地一样配置完善的服务设施和园路体系,并在服务过程中对外部环境提供的支持具有更大依赖性),因而它的服务状态对外部环境的变化比常规公园绿地更加敏感。因此,本书在既有常规公园绿地研究基础上,将国内外现有口袋公园的研究成果与我们团队近年来的相关发现加以整合,专门针对口袋公园服务状态的影响因素类型及其作用方式展开详细梳理和讨论。

3.1　内部因素

3.1.1　座椅

　　座椅是绿地中最常见的设施,并被视为是城市公共空间的必备设施。通过对国内城市口袋公园样本的分析,我们并未发现固定座椅(含长椅、休闲座椅、树池座椅等)座位数量对促进口袋公园游客访问具有显著作用。但是,这并不意味着座椅对口袋公园服务状态没有影响。凯琳·帕什卡特(Karin Peschardt)对丹麦哥本哈根口袋公园使用人群调查中发现"多样化的座位"是当地口袋公园的重要吸引点之一。威廉·怀特(William Whyte)在美国城市调查中则发现"最受欢迎的广场一般有大量可坐的空间,而那些不受欢迎的广场,一般可坐的空间要相对少些",并提出"即使可以增加长凳和椅子,最好的做法还是最大化固定设施(如台沿、花池等)的可坐性"。可见,较之正式设置的座椅,舒适多样的可坐空间对于增加场所吸引力具有更加显著的作用。我们在南京市口袋公园场景分析的结果也进一步佐证了上述观点,即相较于位置或朝向不佳的固定座椅,游客更愿意使用口袋公园内部的台沿、石块、花池等可坐设施(图 3-1、图 3-2)。

　　与此同时,另一种观点则认为这一影响作用可能是反向的。克莱尔·马库斯研究发现,"如果使用强度很高的区域且设计得吸引人,那么所有座位都有可能派上用场",即大量游客先被场所吸引过来,进而促进场地座椅或可坐空间的高效利

图 3-1　[南京]南京银行总行西南口袋公园中的石块和树池

图 3-2　[广州]东山少爷南广场口袋公园中的花池

图源:http://way-a.com/#urbanrenewal

口袋公园规划设计原理与方法

用。扬·盖尔(Jan Gehl)在哥本哈根公共街道的调查中也发现座椅的使用情况与行人数量呈现较稳定比例关系(图3-3、图3-4)。因此,人群究竟是因为座椅或可坐空间被吸引到游憩场所,还是游憩场所先将人群吸引过来后才产生座椅使用需求,这本身就是一个复杂的问题,并会随着场地区位、特质及其使用情境不同产生不同结论。

图3-3　[南京]新街口石鼓路游园行人较多时段座椅使用情况

图3-4　[南京]新街口石鼓路游园行人较少时段座椅使用情况

另一方面,座椅设置的位置和布局也会在一定程度上影响口袋公园的吸引力和使用情况。通常情况下,设置在场地边缘视线开阔的座椅就比场地中心座椅具有更高的使用率,并且边界空间越丰富、视野越开阔、景观越优美的地段,其座椅被使用的可能性就越大(图3-5)。

例如,团队在调研中发现揽江门-华严岗门区段绿道某节点绿地中北部场地中心排列规整的树阵座椅通常乏人问津,而大量人群更喜欢聚集在南侧活动场地边上的台阶上休息交流,因为这块场地视野开阔,同时能够有效观察在场地中心活动的小孩或宠物(图3-6)。

较之预设的固定座椅,可移动座椅在口袋公园中也明显更受欢迎。这是因为座椅使用者的社会关系及社会距离是多样和多变的,但固定座椅间的距离不能改变,因此对不同使用群体社会关系的动态变化适应性较差。对于口袋公园而言,由于自身空间有限,可移动座椅除了能适应不同群体社交尺度需求外,还能为不同类型游憩活动创造机会,从而增加场地的使用效率。例如,通过座椅围合满足群体交流或棋牌活动需求(如纽约市佩雷公园),通过大范围阵列满足集会活动需求(如纽约市布莱恩特公园),也能通过将座椅向周边疏散或堆叠为其他集中活动(如球类运动、健身舞操等)提供大面积开放场地(图3-7)。

图3-5 [南京]南大附中东游园中的场地和座椅

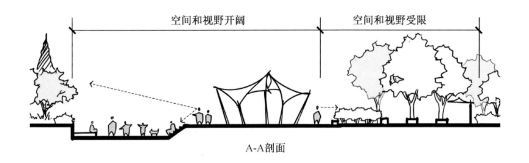

空间和视野开阔　　　　　　　　　空间和视野受限

A-A剖面

图 3-6　[南京]挹江门-华严
岗门绿地北部场地

可移动座椅在西方发达国家的城市公共空间应用已经较为广泛,实践表明其能够有效激发公共空间活力,并能对周边商业、零售等设施的业绩增长和城市税收做出间接贡献,例如扬·盖尔对丹麦哥本哈根公共空间的研究中发现 1989 年至 1995 年可移动咖啡座椅的大量增加直接促进了城市中休闲活动的发生频次。在我国城市绿地中,由于目前维护管理存在较大难度,由公共机构统一设置安排的可移动座椅仍不多。但在南京、上海等城市,却能经常发现邻近居民自带可折叠或便携式桌椅在口袋公园中开展棋牌、闲聊等活动,可见口袋公园使用者对此类设施同样具有较强需求(图 3-8)。因此,尽管需要产生额外维护和更新成本,但考虑到此类设施在城市公共空间活力激发上的巨大潜力,在口袋公园中设置部分可移动座椅仍是一个值得考虑的重要选项。

需要注意的是,座椅本身只是影响口袋公园使用状态诸多因素中的一个。除了能对座椅数量进行定量研究外,对于座椅空间舒适性、位置、布局等诸多因素目前主要展开的仍是定性研究,很难精准描述因素间的因果关系。同时,座椅还可能与其他要素组合形成整体使用吸引力,如朝向喷泉或公共艺术品、在树下享有良好树荫等,这些因素共同对口袋公园服务状态的影响特点目前也只能通过定性的方法来进行分析(图 3-9—图 3-11)。

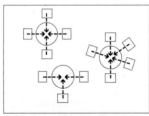 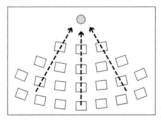 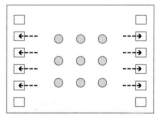

图 3-7　可移动座椅在口袋公园中的使用

图源:
(a):https://www.pps.org/places/paley-park
(b):https://www.asla.org/2010awards/403.html
(c):https://www.sasaki.com/projects/schenley-plaza/

(a) 群体聚集型排列　　　　(b) 大型集会型排列　　　　(c) 周边疏散预留大空间

口袋公园规划设计原理与方法

图 3-8 ［南京］珍珠饭店东游园内的居民自带桌椅开展棋牌活动

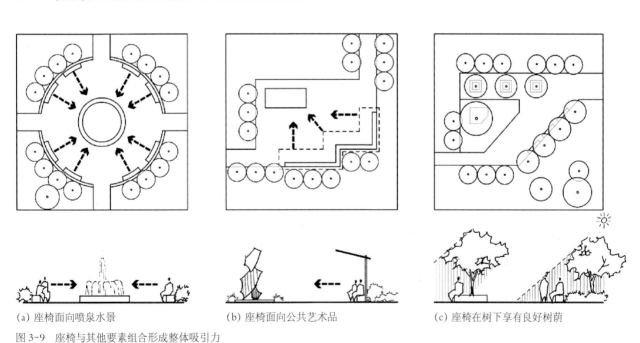

(a) 座椅面向喷泉水景　　　　　(b) 座椅面向公共艺术品　　　　　(c) 座椅在树下享有良好树荫

图 3-9 座椅与其他要素组合形成整体吸引力

图 3-10 ［英国］漂浮口袋公园中的座椅与水景

图源：https://merchantsquare.co.uk/see-and-do/floating-pocket-park

图 3-11 ［北京］五道口中心广场中的座椅与公共艺术

图源：https://www.gooood.cn/waiting-for-the-next-ten-minutes-u-center-plaza-by-z-t-studio.htm

3.1.2　绿植

绿植是展现口袋公园自然性特征的关键要素,也是大量使用者访问口袋公园的重要原因。目前根据不同国家多个城市口袋公园的使用调查数据,居民在口袋公园中最向往活动或最在乎特质清单中均含有与绿植密切相关的内容,例如风景欣赏、野趣、接触自然、动植物多样性、绿色地被等。尽管绿植的重要性不言而喻,但它对于口袋公园服务状态影响却是一个相对复杂的过程。

绿植规模是一个经常被讨论的议题。传统观点通常认为绿植面积或绿量越大,对使用者就具有更大的吸引力。但近年来相关研究结果却难以对该观点形成支撑。例如,玛丽·L.多纳休(Marie L. Donahue)等在美国密尔沃基双城市,应用 Twitter 和 Flickr 签到数据分析了树冠覆盖率对于多个公园绿地游客访问次数的影响,结果显示两者间并不具有显著相关性;张赛(Sai Zhang)等在北京依托微博签到数据研究绿化覆盖率对于各类公园绿地访问次数影响时也得出了类似结论。鉴于该两个团队研究对象并非专门针对口袋公园来展开,为了得到更具针对性的结论,我们在南京和盐城专门针对口袋公园展开了类似研究,并对更细化的研究指标(包含绿化覆盖率、乔木树冠覆盖率、草坪覆盖率及灌木覆盖率等)做出分析,但研究结果仍未发现其与游客访问人数或密度间的显著关联。可见,相对于较为粗放的规模指标分析,绿植对口袋公园服务状态的作用方式要更加精细,甚至很难完全依托当前的量化技术来加以明确。

这其中就包含绿植空间配置对于口袋公园空间界定及外部感知体验上的影响。简·雅各布斯(Jane Jacobs)曾强调公共空间视线可及性对于空间高效使用及安全保障具有关键作用。对于多数活动场地集中在中心、绿植布置在四周的口袋公园而言,绿植除了界定口袋公园与周边相邻地段边界外,也会左右周边行人视线,进而影响他们进入口袋公园的意愿(图 3-12)。

威廉·怀特在 1990 年代参加美国纽约市核心地段布莱恩特公园(Bryant Park)改造项目时发现,改造前的公园内之所以充斥着各种消极乃至犯罪活动,其中关键原因之一就是公园边界上的部分植物遮挡了街道行人的视线,使得其内部空间不可预知性大增,从而让行人产生强烈不安全感,也大幅降低其进入访问的意愿。因此,他提出的核心改造策略之一就是去除公园周边和内部遮挡视线的绿植及其他障碍物,创造一个开敞简洁的可视空间。随后的改造效果显示这一策略取得了巨大成功,布莱恩特公园重获新生并成为当前纽约市最受欢迎的街旁公园之一(图3-13)。

　　同样的策略近年来也被应用在南京市新街口地区520学生运动纪念园的改造上。早期的设计和建设方案是通过周边环形密植的乔灌木绿植将中心的集中场地包裹,仅在西北留有出入口。其结果让本位于老城中心地段应该十分热闹的街旁公园,在周天各时段都很冷清,并与周边其他空间的高强度使用形成强烈反差。在2020年长江路沿线改造中,公园边界区域密植的灌木和小乔木大部分被移除,中心场地被打开并适当抬升让其能与周边街道形成视线交流。当前该场地在傍晚已成为整个片区儿童活动、广场舞操、老年健身的重要活动节点(图3-14—图3-21)。

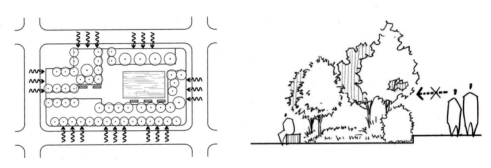

(a)绿地周边过多绿植阻挡周边行人视线,进入口袋公园的意愿降低

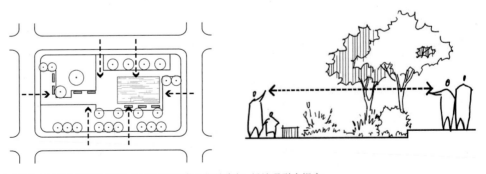

图3-12　绿植空间配置对口袋公园使用的影响

(b)减少口袋公园周边绿植,行人视线可进入绿地内部,绿地吸引力提高

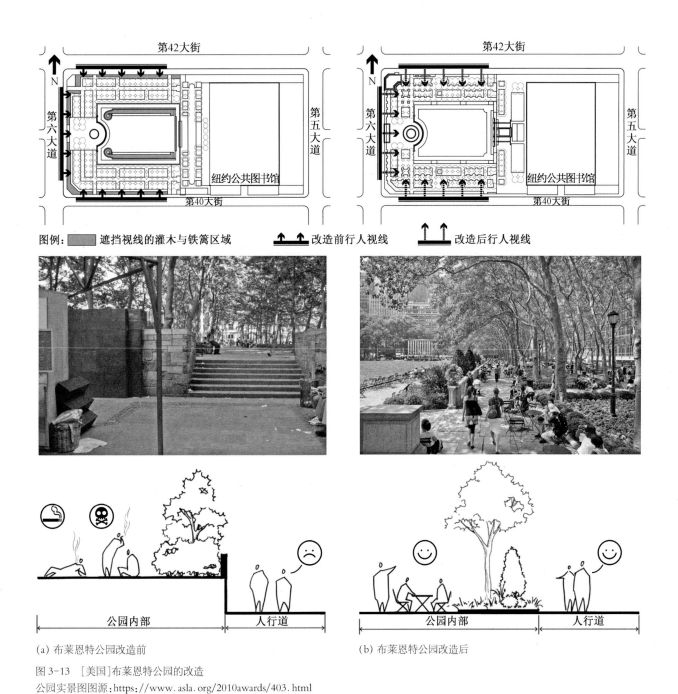

图例：⬛ 遮挡视线的灌木与铁篱区域　⬆ ⬆ 改造前行人视线　⬆ ⬆ 改造后行人视线

(a) 布莱恩特公园改造前

(b) 布莱恩特公园改造后

图 3-13　[美国]布莱恩特公园的改造

公园实景图图源：https://www.asla.org/2010awards/403.html

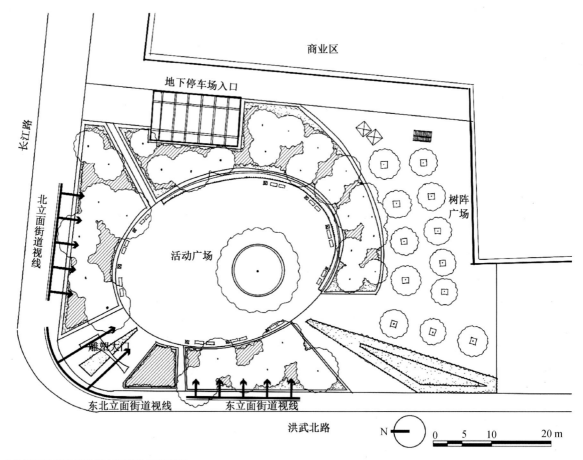

图 3-14 [南京]520 学生运动纪念园改造前平面图

图 3-15 改造前东北立面

图 3-16 改造前北立面

图 3-17 改造前东立面

三图图源:百度街景 https://map.baidu.com/

口袋公园规划设计原理与方法

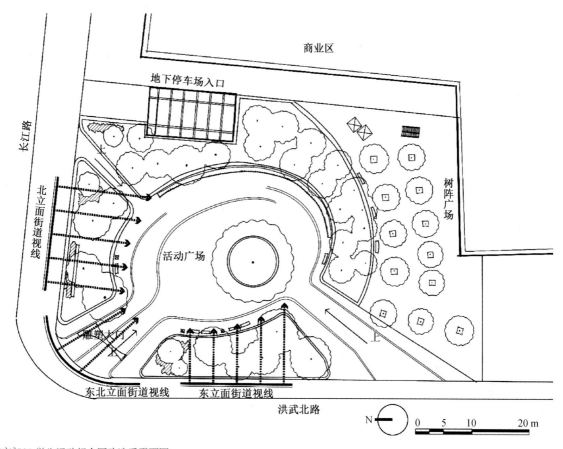

图 3-18 ［南京]520 学生运动纪念园改造后平面图

图 3-19 改造后东北立面

图 3-20 改造后北立面

图 3-21 改造后东立面

三图图源:百度街景 https://map.baidu.com/

由于口袋公园场地面积较小，如大量配置灌木和观赏性地被势必会压缩活动空间，并增加维护成本，因而除了在隔离或缓冲等必要性区域外不建议在口袋公园中过多配置此类绿植。而拥有较大冠幅的乔木通常是口袋公园中比较受欢迎的绿植类型。这是因为此类乔木能在少占地面活动空间条件下增加绿色要素和自然氛围，还因为它们能提供遮阳庇护空间，改善场地小气候，因而乔木的冠下空间通常是游客最青睐的休息区域，并适合设置座椅等停留服务设施。纽约市就对公共空间中乔木配置有着细化要求，如早期就规定5 000平方英尺(约465平方米)的广场场地上应种植不少于6棵乔木。如果将大量乔木以阵列方式密植，则能为更多使用者的休闲和聚集活动创造出连接成片、较为舒适的树下活动空间(图3-22、图3-23)。

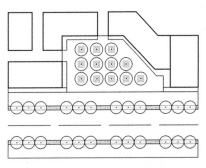 

图3-22 口袋公园乔木树阵及其冠下空间

图3-23 [南京]建邺路滨河游园

口袋公园规划设计原理与方法

此外,绿植本身也能对游客产生吸引力,例如开花性植物能在特定季节成为口袋公园乃至整个地段的重要景点。口袋公园上的绿植还能为鸟类、传粉类昆虫及小型动物(如松鼠等)提供栖息空间,如配置相关动植物信息标识,也能成为周边儿童接触探索自然、认知植物的环境教育场所。此外,如能让居民有效参与到绿植栽植养护过程中,绿植还能产生出更多衍生价值。例如,2012 年获 ASLA 荣誉奖的美国底特律拉法叶大楼绿地(Lafayette Greens),通过将位于市中心地段总面积约为 1 700 m² 的废弃地打造为全开放互动参与性的社区农园,为周边居民提供了一个接触自然、亲子活动、邻里交流、教育学习及分享收获的场所(图 3-24—图 3-26);我国上海市五角场地区的创智农园也通过类似做法让一块临时围挡围合的垃圾地重新焕发生机,成为周边居民亲密互动交流的平台(图 3-27、图 3-28)。但是,让居民参与到口袋公园绿植养护过程中将涉及责任主体、安全保障、技术支持、纠纷协调等诸多议题,要在正规的公园绿地中落实和安排仍有较大难度,目前很多探索仍主要集中在管理相对宽松的非正规绿地上进行。

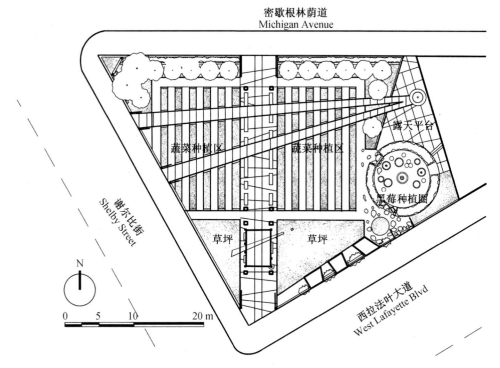

图 3-24 [美国]拉法叶大楼绿地平面图

图 3-25 [美国]拉法叶大楼绿地鸟瞰(左)

图源: https://www.asla.org/2012awards/073.html

图 3-26 [美国]拉法叶大楼绿地内蔬菜种植区(右)

图源: https://www.asla.org/2012awards/073.html

图 3-27 [上海]五角场创智农园(左)

图源: http://k.sina.com.cn/article_213815211_0cbe8fab02000wcc7.html

图 3-28 [上海]周边居民参与创智农园内蔬菜种植(右)

图源: https://www.jianshu.com/p/54ef5a7d277f

3.1.3 活动场地

对于口袋公园而言,使用空间远比观赏空间重要,而活动场地就是口袋公园中的核心使用空间以及各类游憩活动的主要空间载体。我国的《公园设计规范》(GB 51192—2016)中就将"活动场"列为游园中的应设设施。但与绿植要素的作用方式不同,活动场地面积直接决定了游人容量以及可开展活动的类型。尤其在游憩场所紧张的高密度地段,活动场地面积与访问人数之间存在明显关联。

佐伊·哈姆斯特德(Zoe Hamstead)曾在纽约市各类公园绿地调查中发现100平方米以上集中活动场地能有效促进公园绿地访问频次;我们在南京市和盐城市中心城区对口袋公园的专门研究中发现,集中活动场地面积与游人访问次数呈显著正相关,该变量对使用人数变化的解释程度甚至要明显高于口袋公园总面积(图 3-29)。这也进一步印证了决定口袋公园游客容量的核心因素并非绿地占地规模而是集中活动场地占地规模。因此,在口袋公园总面积受限但周边游憩需求密集环境下,要确保口袋公园能最大程度响应周边游憩需求,保障口袋公园内集

图3-29 集中活动场地面积对使用人数的影响(A.[南京]火瓦巷东口袋公园;B.[南京]浮桥东游园;C.[南京]宋子文公馆南游园)

第3章 内、外部因素对口袋公园服务状态的影响

中活动场地面积或面积占比将会是一个有效的策略。例如,中国香港就规定公众绿化空间中用于集中活动的主空间面积占比最好不低于总面积的75%。

活动场地空间品质和体验也会对口袋公园服务状态产生微妙的影响。威廉·怀特曾经提出"除非有十足的理由,否则,开放空间不应该是下沉的",他对下沉式公共空间的描述是"会觉得到了井底。人们可以看到我们,我们却看不到他们"。美国旧金山规划局曾在位于市中心地段市场街(Market Street)沿线公共空间的使用调查中发现,下沉式场地使用率要远低于邻近非下沉场地。中国香港也要求城市小微型绿色空间应具备"清晰"的易见度。我们在南京口袋公园调研中也得到相似结论,例如位于鼓楼广场东南荔枝广场大楼前的下沉绿地虽然面积较大,周边绿化和照明条件也较佳,但在傍晚出行高峰期几乎无人使用,而在南侧南京银行总行大楼间的口袋公园同时段则是挤满了各类活动人群(图3-30)。

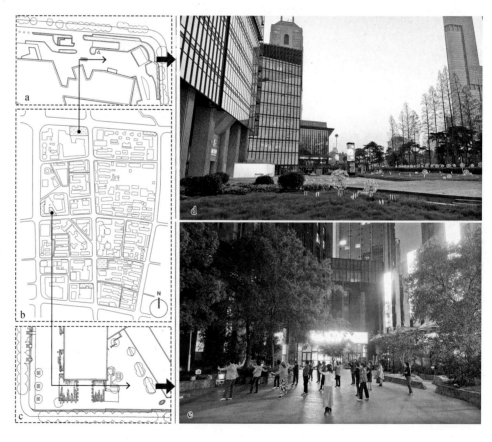

图3-30 [南京]荔枝广场下沉绿地与南京银行总行西南口袋公园平面图及傍晚时段的使用情况

(a) 荔枝广场下沉绿地平面图
(b)所在街区平面图
(c) 南京银行总行大楼间口袋公园平面图
(d) 荔枝广场下沉绿地傍晚照片
(e) 南京银行总行大楼间口袋公园傍晚照片

口袋公园规划设计原理与方法

口袋公园活动场地内的高差变化也会对居民使用产生影响。这主要是因为场地内高差所产生的空间分割不利于活动场地的整合弹性利用，例如对场地面积有一定要求的广场舞、健身操等群体活动就不适合在内部有高差的场地上开展（图 3-31、图 3-32）。尤其在面积受限的条件下，如不能提供多个活动场地，集中活动场地能否被不同群体进行多样化使用将直接决定口袋公园的使用效率。例如，香港政府就建议城市小微型绿色空间应优先选择在平地上设置，并要求其内部应不设任何障碍物，以便于各类群体活动的发生。

内部有高差场地中的活动情况

图 3-31 ［南京］昆仑路台城路东游园

内部无高差场地中的活动情况

图 3-32 ［南京］水西门广场西区游园

我们在南京市口袋公园的调研中发现,口袋公园内活动场地通常形状较多样,但只要场地保有一定面积能够支撑集中活动的空间,场地边界是否规整并不会对内部活动或弹性使用造成显著影响(图 3-33—图 3-35)。

凯琳·帕什卡特在丹麦哥本哈根口袋公园的研究中曾提出要确保空间活跃使用,集中活动场地的尺寸应不小于 20 米×20 米。但由于我国城市人口密度更高并导致公共空间更加紧凑,我国城市口袋公园的集中活动场地设置可相对更小,通常在不小于 12 米×12 米 尺寸下就能基本满足我国城市居民的大部分日常游憩活动需求(图 3-36)。

3.1.4　其他服务设施

受限于自身面积,口袋公园难以像大型公园绿地一样配置系统完备的建筑服务设施。但在条件允许的情况下,公共厕所、小型咖啡馆或服务亭的设置能为口袋公园游客的使用提供巨大便利。此外,一些小型非建筑服务设施对于口袋公园的服务品质和吸引力同样有着重大影响,例如饮水器能为口袋公园中活动的各类群体(尤其是需要经常饮水的儿童群体)提供关键服务。在夏季或以开展运动健身活动为主的口袋公园内,饮水器能让口袋公园吸引更多的游客,并延长他们的停留时间(图 3-37)。

多功能桌椅的设置则能为居民社交活动提供有力支持(图 3-38)。因为普通的长椅通常呈线型设置,不利于人群进行当面交流,多功能桌椅则能有效创造出面对面或群体围合的交流空间,弥补长椅的不足,同时也能为棋牌、户外就餐等活动的开展提供支持。

良好的照明设施将为口袋公园在傍晚或夜间高峰时段的使用提供环境保障,而这种环境保障对于广场舞操、宠物活动、儿童游乐等行为的顺利开展尤为关键(图 3-39)。同时,一定程度的照明也能增加夜间口袋公园空间的视线可及性,保障口袋公园夜间使用或人群穿行的安全(图 3-40)。

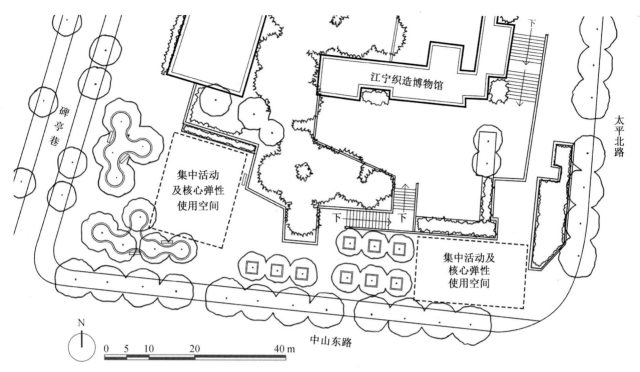

图 3-33　[南京]中山东路太平北路西北绿地内部活动场地

图 3-34　场地内娱乐休闲活动

图 3-35　场地内团体组织活动

第 3 章　内、外部因素对口袋公园服务状态的影响

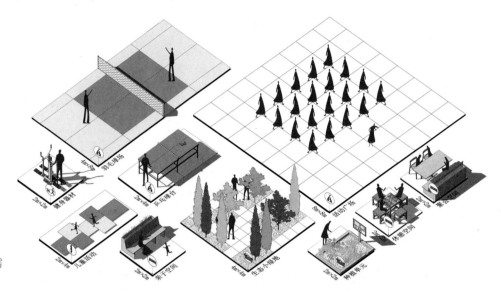

图 3-36　日常游憩活动所需场地尺寸

图 3-37　[昆明]安宁市人民医院东游园中的饮水器(左)

图 3-38　[英国]共和公共空间口袋公园中的多功能桌椅(右)

图源：https://www.gooood.cn/republic-public-realm-studio-rhe.htm

图 3-39　[南京]南京市总工会大楼西口袋公园(左)

图 3-40　[南京]北京东路进香河路西南口袋公园的夜间照明(右)

3.2　外部物质因素

3.2.1　邻近游憩相关设施

口袋公园内部难以像大体量公园一样配套完善的游憩设施体系将直接影响其游憩服务的完整性。但口袋公园通常位于高密度建成环境下,其边界或邻近地段既有的游憩相关设施为弥补口袋公园服务功能的先天缺陷提供了有利条件。因此,如将口袋公园设置在游憩相关设施密集地段,将能激发口袋公园与周边设施的良性互动,形成"口袋公园 + 周边设施"整合效应,既提升了口袋公园游憩服务品质,也增加了周边游憩相关设施的人气和经济收益(图 3-41)。根据我国《公园设计规范》(GB 51192—2016),与公园绿地日常游憩服务密切相关的设施主要包含厕所、餐饮及零售三类。通过研究口袋公园周边环境中三类设施的影响作用机制,可以发现三类设施均能为口袋公园服务提供支持,但作用方式各不相同。

周边环境中的公厕能有效弥补口袋公园内部该设施缺失所产生的服务缺陷。并使公园具备支持较长时间的游憩与休闲停留活动的能力。相关研究表明,儿童通常在口袋公园中活动 1 小时以上就需要使用厕所,另外老年人对于厕所的使用频率通常也相对较高。我们对盐城市中心城区傍晚出行高峰时段(17:00—19:00)口袋公园使用情况分析显示,口袋公园周边公厕设置对于促进居民访问具有显著的促进作用。但受制于现实条件,并非所有的口袋公园周边都有条件布置独立的公厕。在这种情况下,周边商场、公共餐饮(如肯德基、麦当劳等)、康体文化(如图书馆、健身中心等)等公共建筑内部能够开放使用的厕所也能为口袋公园的日常服务提供相应支持(图 3-42)。

周边环境中的餐饮设施除了为口袋公园使用者提供就餐饮茶的休息场所外,还能为他们创造休闲社交的机会。凯琳·帕什卡特在哥本哈根的调查研究发现,咖啡馆能有效促进口袋公园使用者的社交活动,并成为口袋公园最被居民青睐的特质之一;扬·盖尔则发现拥有户外座椅的咖啡馆能够给邻近公共空间带来巨大活力,并有效促进使用者的社交活动;我们团队通过在南京市的调查和空间分析中发现,周边餐饮设施的邻近度能有效促进口袋公园的使用率。研究显示周边餐饮设施除了能弥补口袋公园自身的服务缺陷外,还能为口袋公园带来大量潜在使用者。同样,餐饮设施自身也能从邻近口袋公园的服务中受益,例如口袋公园内的大量访客将成为周边餐饮设施的潜在顾客,并为餐饮设施营业额提升作出贡献,进而推动城市财政税收增长(图3-43、图3-44)。

对于那些不想使用固定餐饮设施的游客,可从周边小卖部、便利店等零售设施中获得可携带的食品或饮品,并在口袋公园内停留享用(图3-45)。口袋公园周边餐饮、零售店面夜间的橱窗灯光也能有效提升公共空间的活力和安全感,并为口袋公园高效使用提供保障(图3-46)。但对比厕所和餐饮设施,零售设施对于口袋公园使用率促进作用相对较弱。这一方面是因为对口袋公园大多数使用群体而言,零售服务并非必要性需求;另一方面是由于零售服务的部分功能与餐饮设施叠合,服务的可替代性相对较强。

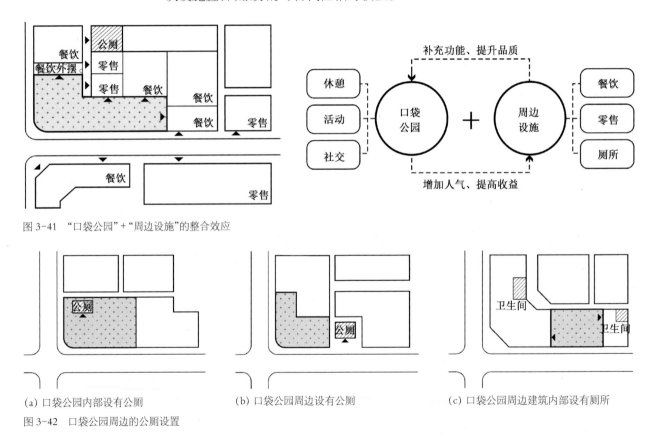

图3-41 "口袋公园"+"周边设施"的整合效应

(a) 口袋公园内部设有公厕　　　　(b) 口袋公园周边设有公厕　　　　(c) 口袋公园周边建筑内部设有厕所

图3-42 口袋公园周边的公厕设置

图 3-43 [美国]申利广场外
围的餐饮设施
图源：https://www. sasaki.
com/projects/schenley-plaza/

图 3-44 [美国]申利广场外
围的餐饮设施
图源：https://www. sasaki.
com/projects/schenley-plaza/

图 3-45　[美国]格林埃克口
袋公园内游客闲坐饮食
图源：https://www. sasaki.
com/projects/greenacre-park/

图 3-46　[美国]曼哈顿祖科
蒂口袋公园及周边建筑夜景
照明
图源：https://commons.
wikimedia. org/wiki/File：
Zuccotti_Park_at_night_
October_2014.JPG

　　　　　　　　　　　　　　　　　　　　口袋公园规划设计原理与方法

3.2.2　邻近交通系统及相关设施

　　口袋公园周边慢行系统的位置、结构及具体形式直接决定了口袋公园游客导入效率和方式,并将直接影响口袋公园的可达性及其与公共服务设施和其他公共空间的连通性。口袋公园就近服务模式决定了居民主要通过步行或骑行到达口袋公园,所以是否有便捷顺畅的慢行通道连接口袋公园与居民住地将直接影响其出行游憩便捷性。如果周边慢行道能够有效连接邻近商业、办公等设施,将有助于在午间休息、下班后、商场运营高峰等时段为口袋公园导入潜在使用者。此外,如果口袋公园周边慢行道同时有效串联了该地段其他公共空间,还将有助于将口袋公园纳入区域内的游憩服务体系,增加口袋公园被访问的机会(图3-47)。

　　除了连通作用外,如果口袋公园能充分对街道公共空间或慢行系统开放,活跃繁忙的交通通道本身也能为口袋公园带来大量的潜在使用者。马洛·塞缪(Maro Sinou)曾经在口袋公园设计评价参数体系中将连通性作为重要的评价项目,其中既包含"周边绿道邻近性""街区内部连通性""与其他游憩、文化和社区设施连通性"等连通性因子,还包含了"行人进入便捷性""绿道与口袋公园间的使用者流动便捷性"等进入便捷性因子(表3-1)。为了方便居民到达使用或接纳周边慢行道上的潜在使用者,还可在口袋公园周边设置自行车架等停车服务设施。

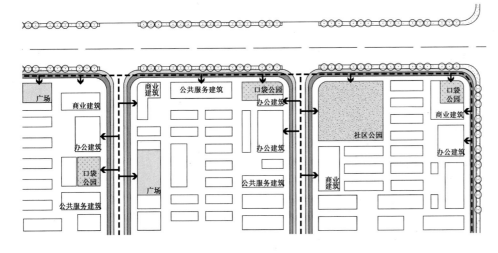

图3-47　慢行系统串联口袋
公园与其他公共空间

表 3-1　口袋公园设计参数体系(马洛·塞缪)

维度	类型	具体内容
空间	尺寸	50 英尺×100 英尺基准尺度的小型公园;根据预期使用者来确定公园具体尺寸
	空间识别性	确定公园空间功能;创新性设计概念;多样性和选择性;极佳游玩价值;适应性空间
	表皮	墙面——周边邻近建筑能够用作竖向绿化的墙面;地面——质感和铺装形式;顶面——叶冠、硬质遮阳棚;避免在空间周边设置空白墙
	焦点	水景,凉亭及其他构筑物;包含焦点要素的定义边界
环境	环境绩效	最大限度增加自然阴影;环境友好性特质;透水表面、生物过滤景观床、高效照明、太阳能设施;环境教育;水中和河岸栖息地;雨洪管控及环境美化;充足照明
	位置和连接性	调查空置场地,将其作为临时公共空间;将公园设置在绿道及最大住宅集中区邻近位置;调查公共开放空间布局对行人流量影响;提供通向别处的路径;促进行人使用、网络连接、转角或街区中部的高效利用;与其他游憩、文化和社区设施相连;确保绿道和公园之间有良好的公园使用者流动
社会	使用者	身体健康、社会适应、精神道德改善及邻里关系和谐;为该地区现有人口设计游玩空间;舒适的社交互动;欢迎和吸引不同用户的设计;确定主要用户;让社区参与设计过程
	可达性	易于到达;设置多个入口;方便安全的行人通道;非传统位置:屋顶、建筑立面或门厅
	设施-活动	用个人座椅而非长椅;饮水设施、自行车架、垃圾桶等;活动场地、就座机会和开阔草地;激活公共空间的一系列活动;最大化座位数量;公共艺术机会
	安全与维护	监督和维护;对行驶车辆有很好的缓冲;公平准入;与街道的无障碍连接;减少繁重的维护要求

资料来源:Sinou,2013。

　　此外,周边的交通性干路或快速路也会对口袋公园服务造成不利影响。我们通过对国内城市口袋公园样本的统计分析也发现,口袋公园周边干路密度对于周末傍晚高峰时段居民访问使用具有显著的负面影响。由此可见,周边的交通性干路或快速路将会直接阻隔周边邻近的潜在使用者,从而降低道路对侧居民的绿地可达性。

3.2.3　邻近绿地

　　从游客日常服务视角来审视邻近绿地间的关系,其间既可能存在协同效应,也可能存在竞争效应。协同效应主要是指邻近绿地能通过差异化定位来提供多样化服务,分别满足不同类型的游憩服务需求,形成整体大于个体之和的服务效果,从而提升绿地体系整体吸引力和使用效率。竞争效应主要是指邻近绿地由于提供类似或同质化服务致使在游憩服务过程中产生相互竞争,在未带来整体服务绩效提升的情况下,造成邻近绿地单体使用效率下降、资源浪费的现象。

由于邻近绿地之间的相互作用方式较为复杂,其间究竟是产生协同效应还是竞争效应需要通过定量分析才能界定。单就口袋公园而言,如果周边邻近绿地数量和面积过多,将会削弱口袋公园自身在高密度环境下的稀缺价值,尤其是当周边邻近地段有大体量公园时,面积上的局限将导致口袋公园在与邻近大体量公园竞争中处于弱势,游憩服务状态和绩效受到抑制,既不利于发挥口袋公园布局优势,也不利于公园系统整体绩效最大化(图3-48)。

对于国内城市口袋公园样本的统计分析发现,邻近地段存在综合公园或所在社区(街区)总体绿地率水平较高,会对口袋公园访问人数产生显著"负面影响"(图3-49—图3-51),但邻近的社区公园和其他口袋公园的影响则并不显著,这也表明邻近小体量绿地间的作用方式可能更为复杂(图3-52—图3-54)。

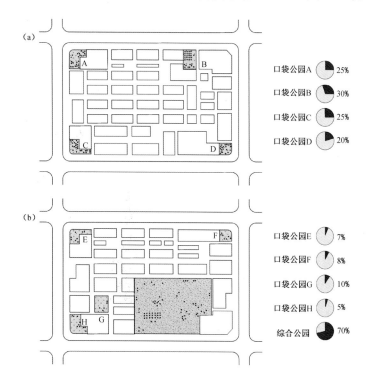

图例

▨ 口袋公园

∴ 使用者分布情况

◔ 使用者占单元绿地使用总人数的比例

图3-48 不同类型绿地组合模式下使用者分布情况

(a) 口袋公园分布较均衡时的使用者分布情况

(b) 周边有大体量公园绿地分布时的使用者分布情况

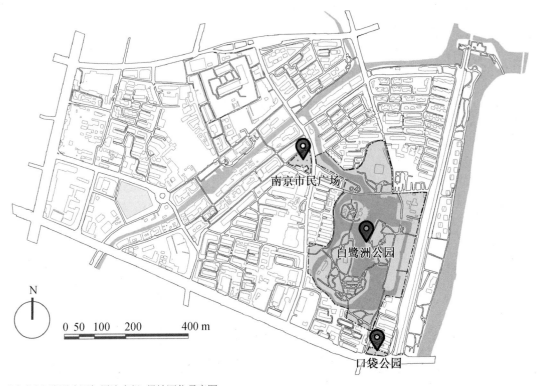

图 3-49 [南京]白鹭洲公园与周边广场、绿地区位示意图

图 3-50 [南京]白鹭洲公园内部人群活动情况

图 3-51 [南京]白鹭洲公园南侧口袋公园使用情况

口袋公园规划设计原理与方法

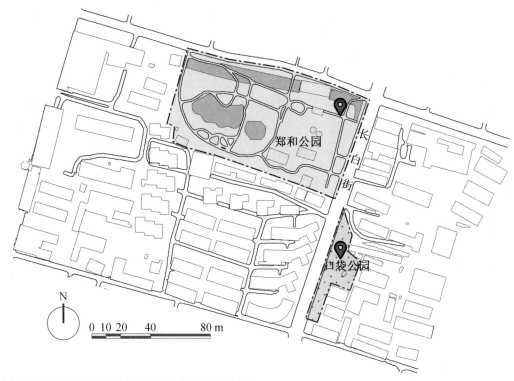

图 3-52　[南京]郑和公园(社区公园)与周边口袋公园区位示意图

图 3-53　[南京]郑和公园内部人群活动情况

图 3-54　[南京]郑和公园周边口袋公园使用情况

3.2.4　周边建筑

口袋公园周边商业、办公、文化等类型公共建筑能给口袋公园带来大量的潜在使用者,同时该类建筑夜间良好的照明条件也能为口袋公园使用创造良好的环境氛围。此外,周边建筑整体形象对于口袋公园内部空间游憩体验也会造成直接影响(图 3-55、图 3-56)。

相关调查显示,周边建筑形象是否美观,尤其是周围建筑的立面将直接影响口袋公园内部的空间氛围和游客环境综合感知。因此,口袋公园边界建筑应避免单调枯燥的白色墙面,可通过彩绘等方式让口袋公园内部使用者的视野更加丰富和愉悦(图 3-57)。

此外,如果口袋公园被高层建筑围合的话,建筑方位和围合度还将影响口袋公园的采光。威廉·怀特在纽约小型公共空间的研究中发现,在较寒冷季节,人群会不自觉随着阳光位置的变化而移动(图 3-58、图 3-59)。但他同时也指出,阳光并非人群停留的唯一因素,部分朝北的小型公共空间也可通过巧妙设计来解决该问题。但这至少表明,阳光充沛的口袋公园能给使用者提供更多的选择。因此,在我国城市中,在建筑南面或东南侧的口袋公园通常具有更为优越的发展条件和服务环境(图 3-60)。

另一方面,周边建筑的围合度对于口袋公园中人群的空间体验也会产生一定影响。例如,三面被建筑围合的口袋公园通常开放性较低,但空间界定度较高,使用者在该类口袋公园活动时会有明确的场所感知,能够保持较长时间的停留或活动;两面被建筑围合的口袋公园则通常开放性和空间界定度相对均衡,该类型口袋公园能在保障一定的场所感知同时与外部公共街道展开充分交流;一面或没被建筑围合的口袋公园空间界定度相对较弱,通常需要在局部边界通过绿化等方式对空间进行进一步界定,否则内部空间容易受到周边环境干扰,难以吸引人群长时间停留(图 3-61)。我们的研究也表明,周边边界有清晰围合界定的口袋公园能更有效促进游人展开多样化使用。

口袋公园规划设计原理与方法

图 3-55　[美国]旧金山圣玛丽广场口袋公园及周边建筑立面　　　图 3-56　[南京]蒋王庙社区口袋公园及周边建筑立面
图源：https://erikwb.net/2013/st-marys-square/

图 3-57　[美国]洛杉矶平台公园及边界建筑的墙面彩绘
图源：https://www.gooood.cn/platform-park-by-terremoto.htm

图 3-58 ［南京］丹凤街卫巷东南口袋公园上午8:00人群活动位置(左)

图 3-59 ［南京］丹凤街卫巷东南口袋公园上午10:00人群活动位置(右)

图 3-60 口袋公园方位朝向的采光条件

(a) 朝南向的口袋公园光照条件

(b) 朝东南向的口袋公园光照条件

(c) 朝北向的口袋公园光照条件

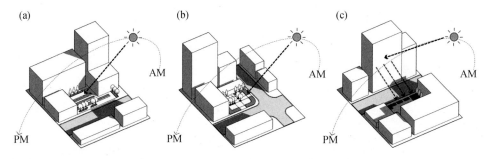

图 3-61 建筑围合与口袋公园的关系

(a) 三面被建筑围合

(b) 两面被建筑围合

(c) 没有被建筑围合

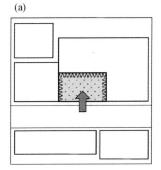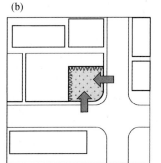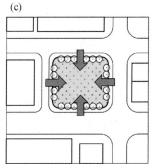

口袋公园规划设计原理与方法

3.3　外部社会经济因素

3.3.1　潜在使用者

大量研究显示,距离或邻近度是影响绿地使用的最关键因素。周边居民则是口袋公园最主要也是最稳定的使用群体,因此居民分布与密度将分别对口袋公园可达性及游憩需求强度水平造成直接影响,进而决定口袋公园使用效率。玛丽·多纳休的研究显示周边居民密度与公园访问强度之间存在显著的正相关联系;在我们针对口袋公园样本的专门研究中,还发现周边居民规模的增加能有效促进口袋公园使用多样性。

此外,由于口袋公园所在的建成环境通常较复杂,除了住宅之外,周边的商业、办公等设施也能为口袋公园提供大量潜在使用者。但该类设施中的潜在使用者对于口袋公园的访问和使用时段与周边居民有所不同。我们的调查结果显示,周边居民对于口袋公园的集中使用时段多在清晨和傍晚,而办公设施对于口袋公园访问频次的增进效应主要集中在工作日上午、中午和下午,商业设施则主要在周末促进口袋公园的访问频次。此外,如果周边公共建筑有面向口袋公园及其邻近地段的主要出入口,也会在很大程度上增加口袋公园的使用机会(图3-62)。

图3-62　[南京]紫峰大厦北入口口袋公园

3.3.2 使用群体构成

随着近年来对于群体个性需求的关注,不同社会属性群体对于绿地的需求和使用特征也显现出较大差异。我们曾对江苏省盐城市老年(60 岁以上)、中年(＞30～60 岁)、青年(＞10～30 岁)及儿童(10 岁及以下)四类群体期望的每周公园游憩(访园)时间展开调查,结果发现老年人期望的每周访园时间约是中年人和青年人的 2.5 倍,约是儿童的 2 倍(图 3-63)。因此,如果两个口袋公园周边潜在使用者规模等同的情况下,周边老年人占比更高的口袋公园使用需求强度将很可能更大(图 3-64)。

同样的差异也出现在不同性别、收入水平、信仰、种族等群体之间。威廉·怀特曾发现女性对于公共空间的品质要求更为挑剔;而希瑟·温德尔(Heather Wendel)研究也表明鉴于安全性原因,女性使用口袋公园时将对灯光照明、维护管理、空间细部等要素更为敏感并且受到更多限制(图 3-65)。因此,如果口袋公园以女性为主要服务群体,它的空间品质及安全性保障等因素将对其使用率造成直接影响,而当它以男性为主要服务群体时,这些因素的重要性将不那么明显。

其他研究还发现,收入、健康水平以及语言差异将对不同群体绿地感知可达性(perceived accessibility)造成直接影响,例如高收入社区人群更愿意进入那些被相同族群或文化背景人群经常使用的绿地;而低收入社区人群更愿意进入那些拥有相同活动爱好人群经常使用的绿地。在英语系国家的研究表明,低收入家庭、健康水平较低人群以及母语非英语人群对于周边绿地的感知可达性更弱。此外,不同信仰、种族的人群由于生活习惯差异,也将造成各自对绿地需求强度、使用时间和使用模式的差异,这些均会对口袋公园的服务状态产生直接影响。

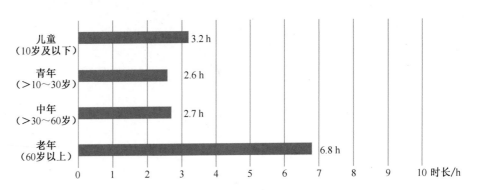

图 3-63　盐城市四类年龄群体期望每周访园时间

图 3-64 [南京]浮桥东游园中的老年人群

图 3-65 [南京]520 学生运动纪念园中的男性、女性和儿童

第 3 章 内、外部因素对口袋公园服务状态的影响

3.3.3 土地价值

较之前两类因素,土地价值对于口袋公园服务状态的影响更多是通过间接方式。克里斯·波尔顿(Chris Boulton)指出"房地产开发与市场需求相关,这意味着发展城市绿地也需要基础设施来共同对现有社区需求展开响应"。因此,在开发相对成熟、土地价值更高的地段通常配套设施更为齐全,口袋公园设计品质及维护水平也会更高,进而对使用者产生更大吸引力(图3-66)。而在高密度城市内,地价的高低通常也反映出该地段土地的稀缺程度,即综合密度水平。我们在南京市的研究中发现土地价值(综合密度水平)对于口袋公园访问次数的影响程度甚至高过居民密度,这既印证了土地价值与口袋公园服务状态的内在关联,也在一定程度上体现出口袋公园使用群体的多元性特征(图3-67、图3-68)。

类似的影响方式也在口袋公园区位属性中有所体现,这主要是因为区位本身就是土地价值的决定性因素之一。张赛对于北京公园绿地的研究表明距离市中心越近的绿地通常使用率越高,并指出这不仅是因为靠近市中心地段通常人口密度更高,也是由于该地段内的绿地通常能获得更大的投资、更高品质的设计以及更精心的维护,从而对游客产生更大的吸引力。除了上述因素外,靠近市中心的口袋公园对于周边众多潜在使用者而言具有更好邻近度,这也是口袋公园服务状态最重要的影响因素之一。

3.3.4 组织与文化

口袋公园核心价值是游憩使用价值,因此口袋公园在游憩服务过程中能否充分适应使用者的要求成为保障其服务绩效的关键因素。如果口袋公园采用常规"自上而下"的设计、营建及维护管理过程,很可能导致口袋公园提供的服务过于刚性而缺乏适应能力,致使大量依托"设计幻想"预设的空间和设施在实际服务过程中难以符合周边居民和其他群体的使用需求,从而降低口袋公园的使用效率。但是,如能建立起开放式、动态化的设计与营建机制,并制定更为弹性化的维护管理制度,则能为使用者介入口袋公园的设计、营建和管理提供制度保障,并为口袋公园服务供给与需求之间的精准适配创造条件。

另一方面,社区自身文化(包含邻里关系、归属感、组织力、凝聚力等)也对口袋公园的服务状态有着重要影响。通常有着良好邻里关系、归属感和凝聚力的社区能自发形成具有较强凝聚力的团体,组织策划绿地上的公共活动,主导绿地维护管理,推动绿地有序利用。在良好的社区氛围下,口袋公园能成为社区邻里亲密互动和交流的平台,并成为社区各类集体活动(如广场舞操、社区集会等)开展的良好载体(图 3-69)。与之相反的是,在邻里关系淡漠或缺乏归属感和凝聚力的社区,即使在人口密度水平相当的情况下,后者口袋公园的使用效率相对前者也会存在较大差距(图 3-70)。

图 3-66 [日本]银座索尼公园

图源:https://www. g - mark. org/award/describe/49496

图 3-67 房价较高地段口袋公园——[南京]雅居乐公园(左)

图 3-68 房价较低地段口袋公园——[南京]马台街万荣园(右)

图 3-69　[南京]樱驼花园口袋公园

图 3-70　[南京]当代万国府东南游园

　　　　　　　　　　　　　　　　　　　口袋公园规划设计原理与方法

第4章 口袋公园组群建构与协同

4.1 组群建构背景与关键问题

4.1.1 游憩资源供需适配

高密度环境下,游憩需求高度集中与游憩资源极度匮乏成为一对难以调和的矛盾。发展口袋公园虽然能够提供新的游憩机会,但受限于自身服务容量,仅靠随机设置单个口袋公园很难有效缓解高密度地段游憩空间严重不足的现状。在此背景下,通过建立口袋公园组群来应对高密度地段集中的居民游憩需求将是一项行之有效的策略。

口袋公园组群建立一方面能通过积少成多形成累积效应,提升绿地规模和游憩机会数量,另一方面也为绿地游憩服务序列或体系建立奠定基础,通过激发绿地系统整体效应弥补单体口袋公园服务能力受限的短板(图4-1、图4-2)。

我国2018年版《城市居住区规划设计标准》(GB 50180—2018)中指出,在用地紧张、密度较高的旧区改建中,如确实无法满足相应级别居住区公园的最小规模要求,可采取"多点分布"方式布置小尺度公共绿地代偿;上海市《15分钟社区生活圈规划导则(专业版)》则明确提出,通过系统化布局社区级及以下公共绿地打造社区公共空间网络。这些规定和引导条文在制度或规划指导思想上为我国城市内部口袋公园组群的建立创造了良好条件。

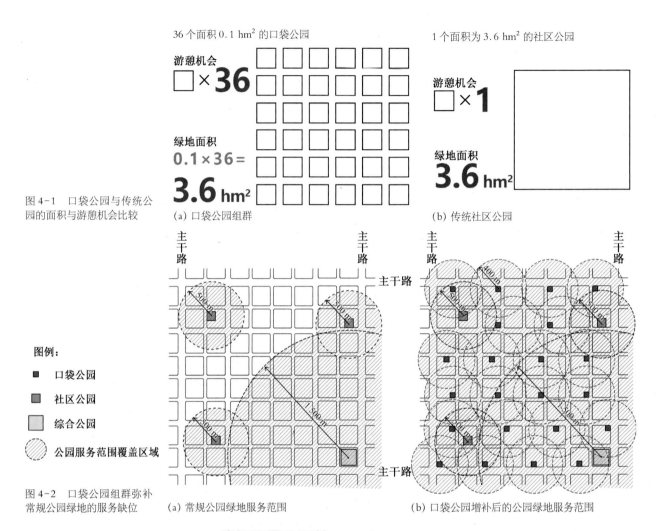

36 个面积 0.1 hm² 的口袋公园

游憩机会
□ × 36

绿地面积
0.1 × 36 =
3.6 hm²

(a) 口袋公园组群

1 个面积为 3.6 hm² 的社区公园

游憩机会
□ × 1

绿地面积
3.6 hm²

(b) 传统社区公园

图 4-1　口袋公园与传统公园的面积与游憩机会比较

图例:
■　口袋公园
■　社区公园
□　综合公园
◌　公园服务范围覆盖区域

图 4-2　口袋公园组群弥补常规公园绿地的服务缺位

(a) 常规公园绿地服务范围

(b) 口袋公园增补后的公园绿地服务范围

4.1.2　资源配置公平性

随着城市发展和更新过程中"环境正义"思想的深入普及,作为重要公共资源的绿地配置公平性问题开始受到更多关注,例如,戴大军(Dajun Dai)和克里斯托弗·邦妮(Christopher Boone)等发现美国城市中的非裔族群能享用的绿地资源要明显低于城市中的白人;亨利·伍斯特曼(Henry Wüstemann)和娜加·卡比什(Nadja Kabisch)等发现欧洲城市中不同社会属性(年龄、收入、家庭构成等)群体能使用的绿地资源也有显著差异;丹尼尔·理查德(Daniel Richards)及波尤谭

(Puay Yok Tan)等在东南亚城市中同样发现高密度和较贫穷地段居民人均绿地面积要明显较低。而在我国,由于城镇化推进过程中人口密度的持续增加以及早期城镇化过程中绿地发展欠账严重,直接导致绿地资源在城市周边新开发地区与老城区或市中心地区之间配置的严重失衡。口袋公园组群的建构则能为城市公共资源的再配置创造机会,并能通过大量游憩机会增补和重新分配来缓解高密度或弱势人群聚集地户外游憩资源严重稀缺的问题。

4.1.3 个性化需求响应

当下,随着"新公共服务"理论成为城市公共管理的主导理论,城市步入精细化治理阶段,对不同社会群体个性化需求和偏好的充分尊重和响应成为规划的重要考量。传统城市绿地规划和设计范式通常遵循"供给导向型"思维,对于需求侧的构成和特定要求重视不够,并容易导致供需不匹配的问题频发。在此背景下,采取"分散布局、就近服务"模式的口袋公园组群能为绿地规划从"供给导向型"范式向"需求导向型"范式转换提供新的思路和解决方案。由于口袋公园服务范围邻近化使得服务群体更加小型化和具体化,这样能更加明确针对特定群体的具体需求来提供定制化的精准服务(图4-3)。这一举措的本质就是通过服务单元空间粒度精细分解来应对服务对象社会粒度精细化的趋势,例如通过定制化设施安排来就近满足周边居民群体的个性化需求、通过对组群内各个口袋公园的差异化定位和分工来提供多样化的游憩服务等。

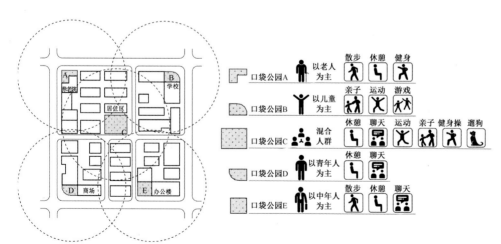

图4-3 口袋公园组群对不同群体需求的定制化响应

4.1.4　日常游憩服务体系建构

传统绿地服务体系建构很大程度上受到游憩需求圈层体系的影响,具有很明显的等级分工特征,其理想模型是:城市周边大体量的郊野公园、森林公园等属于地区游憩空间,主要用以响应短假或长假型游憩需求;较大体量的综合公园属于城市游憩空间,主要响应周末或短假型游憩需求;中、小体量的社区公园属于社区游憩空间,主要响应日常游憩需求(图4-4)。

按照该理想模型,各不同级别的公园绿地具有不同长度服务半径,例如英国伦敦、日本及我国公园绿地的级别及其服务半径体系(表4-1)。公园绿地分级及其服务半径体系建立的主要目标是引导公园绿地能在空间上均衡配置,确保各个级别公园绿地没有服务盲区,即保障居民对各个级别公园绿地的可达机会。但由于居民空间分布不均匀性,使均匀布局的公园绿地难以与使用需求分布完全匹配,尤其在高密度地段这种供需不匹配问题将会凸显,从而导致局部地段出现公园绿地供需严重失衡、等级模型失效等问题。由于高密度地段游憩空间的稀缺,使得在绿地实际服务过程中,原本定位为提供短假或周末游憩服务的综合公园及部分专类公园也需优先满足邻近居民日常游憩服务的需要。

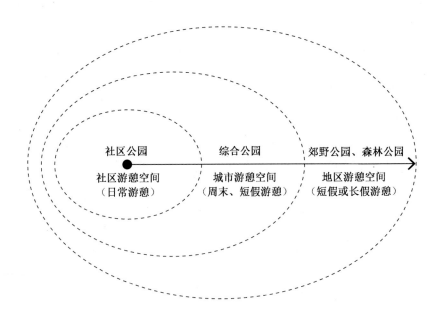

图4-4　传统绿地游憩服务体系

表 4-1 伦敦、日本及我国的公园绿地分级

级别	伦敦公共开放空间分级			日本都市公园绿地分级			中国公园绿地分级		
	等级	面积/hm²	服务半径/km	等级	面积/hm²	服务半径/km	等级	面积/hm²	服务半径/km
社区以上级别	区域性公园	400	3.2~8	风致公园	>10	60 min可达	综合公园	≥50	>3
	市级公园	60	>3.2	运动公园	>10	30 min可达		20~50	2~3
	区级公园	20	1.2	普通公园	>10	2.0		10~20	1.2~2
社区及以下级别	本地公园	2	0.4	近邻公园	>5	1.0	社区公园	5~10	0.8~1
	小型开放空间	<2	<0.4	少年公园	>0.8	0.6		1~5	0.5
	口袋公园	<0.4	<0.4	幼年公园	>0.5	0.5	游园	0.1~1	0.3
	—			幼儿公园	>0.2	0.25	—		

资料来源:Great London Authority,2008;刘家麒,1979;中华人民共和国住房和城乡建设,2019。

因此,在高密度城市或地段,绿地服务的扁平化将成为大势所趋。具体表现就是大体量公园绿地在平日被分解为多个小体量服务单元,为邻近居民提供日常游憩服务,代偿缺位小体量社区绿地的服务职能。正如威廉·怀特在纽约的研究中发现,"中央公园实际上也是由无数的小空间组成,人们正是按照小空间的方式去感受中央公园这个大空间的"。我们在南京市的调研中同样发现,玄武湖公园外围不同方位滨水绿地上的游憩节点在平日也可被视为相对独立的服务单元或片区,主要为邻近住区居民提供日常服务(图 4-5)。

另一方面,多个小体量绿地也可整合形成有机的服务序列或系统来代偿缺位大体量公园绿地的多样化服务职能(图 4-6),例如罗伯特·锡安就针对传统公园绿地等级模型在纽约市中心地段失效的问题提出利用建筑间隙或街角空间建立口袋公园系统的构想。扁平化服务模式需要激发高密度环境下每个绿地的服务潜力和效能,这符合当前集约高效的规划导向,但也对绿地规划和设计提出了更高要求,其中的关键环节之一就是能否合理建构口袋公园组群。

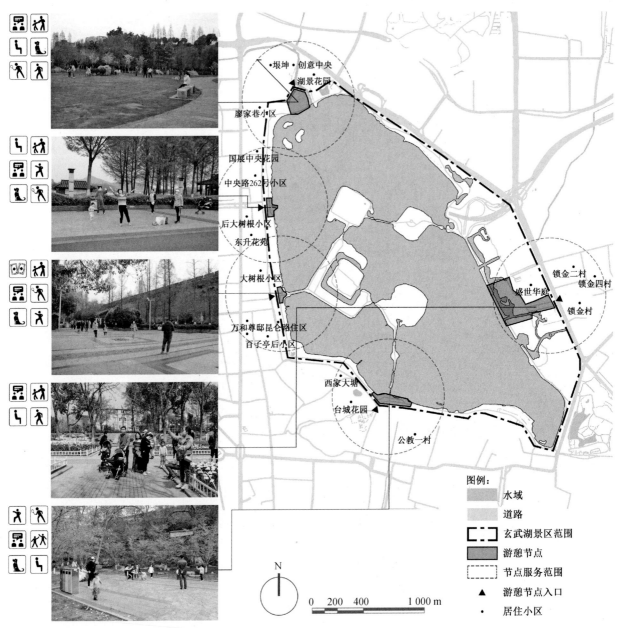

图 4-5 ［南京］玄武湖公园滨水游憩节点为邻近住区居民提供日常服务

口袋公园规划设计原理与方法

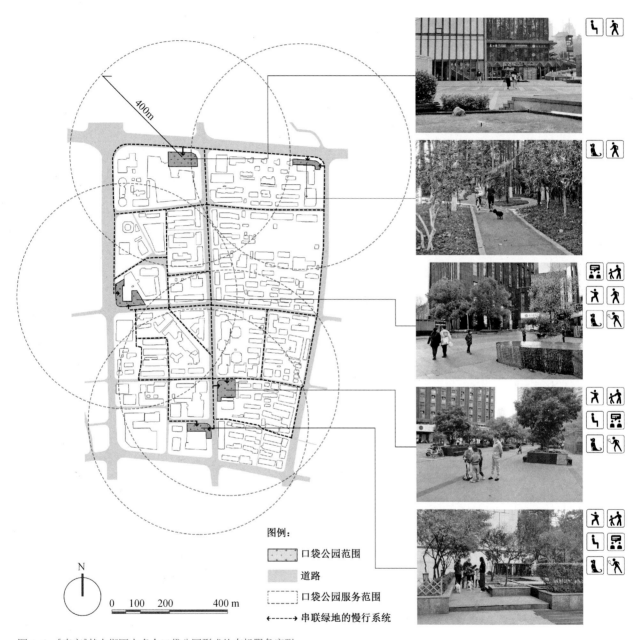

图例：

⬛ 口袋公园范围

⬛ 道路

⬚ 口袋公园服务范围

←---→ 串联绿地的慢行系统

图 4-6 ［南京］某大街区内多个口袋公园形成的有机服务序列

4.2 组群界定

4.2.1 功能界定

"组群"又叫"群组",通常指由多个或部分工作性质相同的人或机器组成的群体。"组群"在规划领域最早出现于区域城市发展理论研究中,例如"城市组群"或"城市体系",主要指特定地域范围内不同性质、类型和等级规模的社会经济联系密切的城市构成的相对完整的城市"集合体"。组群内城市在空间和管辖上具有相对独立性,同时也具有相互依托的社会经济联系。对于城市组群的研究主要依托人文生态学、中心地理论、区位经济学、城市地理学及一般系统论来展开,重点分析城市之间的职能关系、规模关系和空间分布关系。

口袋公园组群内部的关联虽没有城市之间复杂,但城市组群的界定与分析方法同样可以为口袋公园组群分析提供参照。从组群的本质出发,能划归同一组群的口袋公园应至少具备三个共性,即主体服务对象的同源性、个体运营上的独立性以及职能上的关联性。

口袋公园主要服务对象是周边邻近地段居民或其他潜在使用者,而当特定地段居民密度过高,游憩需求过于集中时,则需要设置多个口袋公园形成组群来共同分摊和疏解服务需求。可见分摊和疏解同一地段集中的游憩需求是口袋公园组群建立的主要初衷。因此,口袋公园组群的服务范围虽然较口袋公园个体要有所拓展,但其主体的服务对象或服务目标地段应具有同源性。例如,在我国《城市居住区规划设计标准》(GB 50180—2018)中提到以"多点分布"方式布置小尺度公共绿地来代偿大体量居住区公园,虽采用绿地体量分解策略,但其核心服务对象仍保持不变。

运营上的独立性是指组群内的口袋公园作为服务单体应具有一定的独立性,尤其在运营管理上不会相互干扰。具体而言,就是口袋公园自身提供游憩服务时应不受组群其他口袋公园制约,例如口袋公园个体应具有独立出入口,可以独自开放运营等。运营独立性是保障组群内各口袋公园实现多样化发展,提供适配化服务的前提条件。

职能上的关联性主要指组群内口袋公园之间在服务职能上应相互支持和依

托,例如各个口袋公园在服务定位、空间安排以及设施配置上各有侧重、相互补充,从而形成有机的服务体系或序列。职能关联很难仅通过随机型的绿地单体规划模式实现,而需在组群建构初期就引入规划干预来加以统筹。职能上的关联性也是口袋公园组群整体服务绩效保障的关键。

4.2.2 空间界定

单个口袋公园的服务范围通常设定为"5 分钟生活圈(200～400 米服务半径)"。为满足组群建立过程中服务对象的同源性要求,理想状态下组群内部 2 个最远口袋公园之间的距离应控制在其 2 倍服务半径(≤800 米)距离以内(图 4-7)。如果服务对象范围选择过大,则可能会弱化各个口袋公园服务对象的同源性特征。根据口袋公园自身的服务机制和相关实践经验,可用作口袋公园组群空间界定依据的主要是社区界线和空间阻隔要素。

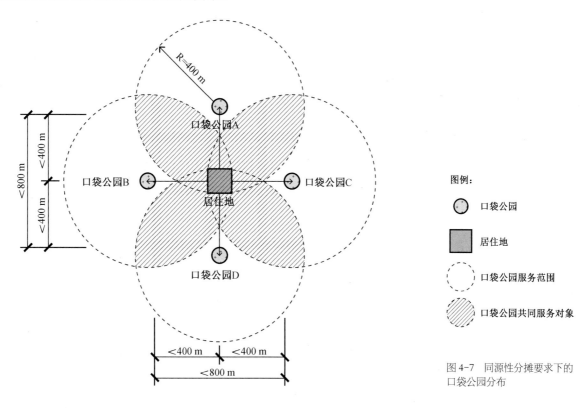

图 4-7 同源性分摊要求下的口袋公园分布

其中,社区界线属于管理边界。"社区"原为社会学概念,是指"某一地域里个体和群体的集合,其成员在生活上、心理上、文化上有一定的相互关联和共同认识"。而随着现代城市功能分区和住区的不断发展,"社区"开始成为一个规划概念,并具有相对明确的规模和尺度特征。我国城市中的"社区"属于街道的下一级分区,并由基层群众性自治组织"居民委员会"来进行管理,有明确的管理边界(图4-8)。例如,上海市2016版《15分钟社区生活圈规划导则(专业版)》中提及以口袋公园为主体建立的社区公共空间网络主要服务对象就是"社区"。以社区为基本服务单元来划分口袋公园组群的优点一方面在于能直接对接社区统计口径(人口、户数、年龄结构等),便于规划调控单元的现状信息整理和分析;另一方面也能在规划中将口袋公园视为社区公共服务设施的一部分,便于规划中的统筹安排、实施管理、结果评价和监督。但缺点则是社区边界为管理边界,例如它不能完全确保边界以内是完整连续的步行友好环境,而居民对口袋公园组群的访问和使用通常无法感知也不会遵循管理边界,更多遵循的是游憩及环境行为客观规律,具有很强实效性。这就存在口袋公园组群实际的主体服务范围与社区管理范围错位的可能性,导致组群边界划定产生一定程度的误差。

另一类依据则是空间阻隔要素。例如,2018版《城市居住区规划设计标准》(GB 50180—2018)中所界定的各个"生活圈居住区"等级(15分钟、10分钟、5分

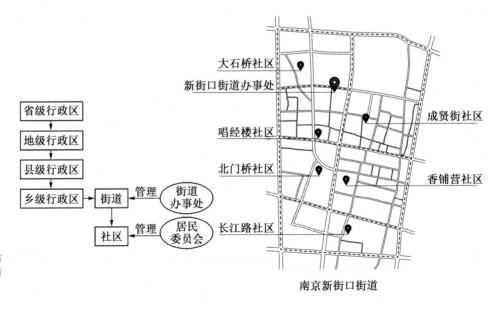

图例:
- - - - 社区范围
● 社区居委会位置
📍 街道办事处位置

图4-8 "社区"与我国城市的行政管理体系(以南京市新街口街道为例)

南京新街口街道

口袋公园规划设计原理与方法

钟)就是依据不同级别道路(交通阻隔要素)来展开空间划分和设施配置(图4-9)。其中,要满足口袋公园组群服务职能关联性要求,需保障组群内口袋公园之间应被完整连续的步行交通连接。根据我们对口袋公园服务机制的研究结果,城市干路对于人群使用口袋公园具有显著的阻隔作用,因此要在组群内部创造良好的步行友好环境,最好应保障组群服务地段内部不被城市干路穿越。而通常在高密度地段,干路的间距一般不会超过800米,这也符合口袋公园组群同源性的要求,因而在组群划分过程中具有较高可行性。以空间阻隔要素来界定口袋公园组群具有较强的实效性,因而划定范围与口袋公园组群实际主体服务范围贴合度较高,但在规划实践中需对部分与社区边界不符的调控单元内部统计数据重新梳理,同时该部分调控单元的规划结果实施和监督需要跨社区展开更多的统筹协调。

　　鉴于上述两种划分依据的优缺点特征,在规划实践中可将两种划定依据进行结合,例如以社区边界为依据进行初步划定,再根据干路网络对各个口袋公园组群的服务单元边界进行优化调整(图4-10)。

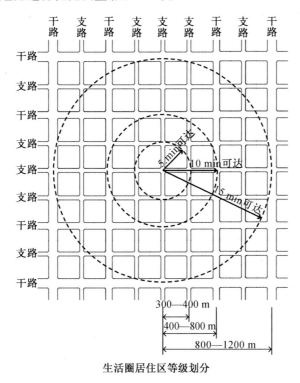

生活圈居住区等级划分

图4-9　城市"生活圈居住区"级别体系

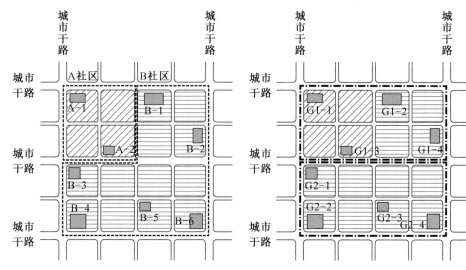

图 4-10　口袋公园组群空间服务单元的划分方法

(a) 以社区边界为依据初步划定　　　(b)根据干路网络进行优化再调整

图例:

■ 口袋公园

▨ A社区范围

▤ B社区范围

┊┄┊ 初步划分范围

▐▌ 口袋公园组群单元

综上可见,较适合作为口袋公园组群的空间服务单元应具备两个特征,即:①组群服务同源性,要求服务单元边长不超过 800 米,面积不超过 70 公顷,该面积范围基本与我国城市高密度地段单个"社区"面积相当;②不被城市干路穿越,以保障组群内部具备良好的步行环境,基本与《城市居住区规划设计标准》(GB 50180—2018)5 分钟至 10 分钟可达生活圈居住区范畴对应(图 4-11)。而 1920 年代美国社会学家科拉伦斯·佩里提出的"邻里单位"概念模型的边界和面积设定也基本符合上述标准。例如,他将"邻里单位"面积设定为约 160 英亩(约 65 公顷),以城市干路为边界,以保障单元内部不被城市干路穿越而保有步行友好的出行环境(表 4-2)。

表 4-2　居住区空间单元及其相关特征

空间单元		边界	用地规模/hm²	人口规模/人	步行距离/m
2018 版《城市居住区规划设计标准》生活圈居住区等级体系	15 min 可达生活圈居住区	城市干路或用地边界线	200～400	50 000～100 000	800～1 200
	10 min 可达生活圈居住区	城市干路、支路或用地边界线	40～80	15 000～25 000	400～800
	5 min 可达生活圈居住区	支路及以上级城市道路或用地边界线	10～30	5 000～12 000	300～400
佩里的邻里单位		城市干路	约 65	3 000～4 000	<800

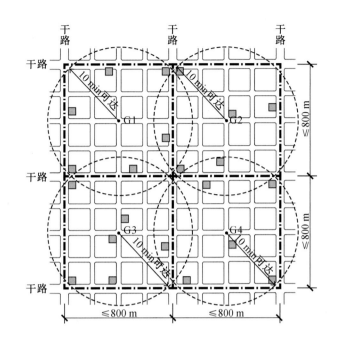

图例：

▪ 口袋公园

▢ 5～10 min生活圈范围

▢ 口袋公园组群单元

图4-11 口袋公园组群服务
单元运行模式

4.3 组群结构

4.3.1 服务结构

(1) 服务分工模式

口袋公园组群在功能服务上的相互关系很大程度上决定了口袋公园组群的服务结构。在实际应用过程中，根据组群内口袋公园的主体使用群体或主导使用模式，可将口袋公园组群服务分工分为水平分工、垂直分工和复合分工三种模式。

在水平分工模式中，每个口袋公园有着明确的主体使用群体或主导使用模式，不同口袋公园之间具有显著的差异化定位。这种服务分工模式适用于不同社会群体在服务单元不同地段集中，例如服务单元既有青年职工宿舍，又有以老年人为主的老旧小区等，从而易于明确不同地段周边口袋公园的主体使用群体及使用模式(图4-12)。

在垂直分工模式中，口袋公园组群呈现出一定的竖向分工特征。处于高层级服务中心的口袋公园通常提供较大容量的集中游憩服务，适合开展较大规模的群体活动,并可兼容多样化的服务主体对象及其使用模式,包容性较强。处于低层级的口袋公园作为专门化的服务节点,拥有相对明晰的服务定位来为特定社会群体或使用模式提供针对性服务。这种服务分工模式适用于不同社会群体在服务单元中混合分布,且服务单元各个地段口袋公园发展条件差别较大的情境(图 4-13)。

在复合分工模式中,组群内各个口袋公园没有专门特定的主体使用群体或主导使用模式定位,而是通过对不同社会群体构成结构、出行时间和使用模式的精细化分析,采用分时段统筹、主次兼容、弹性化设计等途径,将口袋公园组群整体打造为多层次的复合化服务体系。该服务体系需要最大程度激活组群内各个口袋公园的服务潜力,共同在不同时段或同一时段为不同社会群体提供系统化游憩服务。该分工模式适用于游憩需求集中但口袋公园发展空间相对受限的服务单元(图 4-14)。

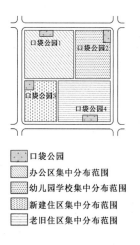

口袋公园
办公区集中分布范围
幼儿园学校集中分布范围
新建住区集中分布范围
老旧住区集中分布范围

图 4-12 口袋公园组群水平
分工模式

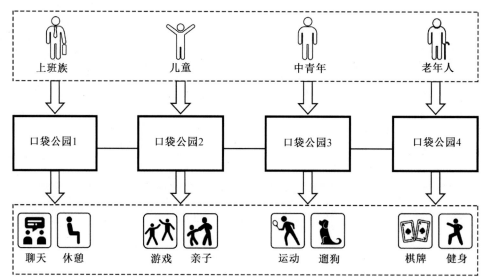

上班族　　儿童　　中青年　　老年人

口袋公园1　　口袋公园2　　口袋公园3　　口袋公园4

聊天　休憩　　游戏　亲子　　运动　遛狗　　棋牌　健身

口袋公园规划设计原理与方法

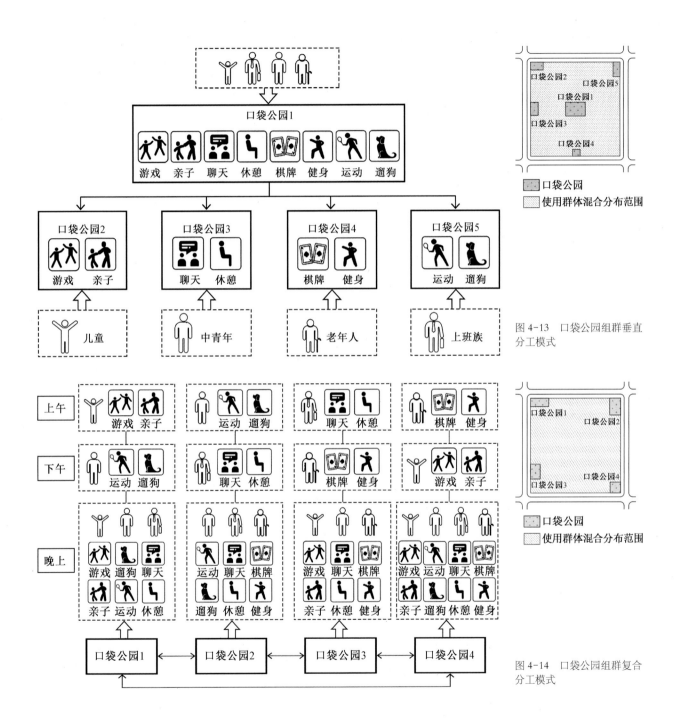

图 4-13 口袋公园组群垂直分工模式

图 4-14 口袋公园组群复合分工模式

（2）服务结构类型与特点

根据组群内口袋公园服务状态的相互关系,可将口袋公园服务结构分为单中心结构、多中心结构和无中心结构三种类型(表4-3)。由于口袋公园组群面积普遍较小,因此面积不能作为"服务中心"判定的绝对参照,而应以服务状态为主要依据,在现实中体现为服务量,即游客访问次数或游客量。被视为"服务中心"的口袋公园通常对于不同年龄群体和不同活动需求具有较好的包容性,并且区位与开放性均较佳。

在单中心结构组群内,作为服务中心的口袋公园通常承担了组群内的主要服务任务,服务量通常能占到同时段口袋公园组群服务总量的40%以上,在垂直或复合分工模式中均可能存在服务中心口袋公园(图4-15)。在该结构中,作为服务中心的口袋公园除了自身能产生较大游憩吸引力外,通常它与服务单元各地段间具有较好的连通性,便于使用者导入。部分情况下,服务单元内潜在使用者在服务中心口袋公园周边的过度集中也是单中心结构产生的重要原因。在单中心结构下,其他口袋公园成为"服务中心"绿地的支持和补充,在功能服务中更多扮演服务节点的角色。

多中心结构组群则通常具有两个及以上的服务中心且服务中心口袋公园数量不能超过非服务中心口袋公园数量。服务中心口袋公园的服务量应占同时段组群服务总量的70%以上。该结构也常见于垂直或复合分工模式中(图4-16)。该组群的潜在使用者通常在服务单元内多个地段较为集中,而组群内部口袋公园数量也相对较多。部分情况下,多中心结构产生也与组群内部口袋公园面积、空间或设施配置差异性较大并由此导致绿地服务容量和品质失衡相关。

表4-3　口袋公园组群服务结构类型及其特点

结构类型	分工模式	核心特征	优点	缺点
单中心结构	垂直分工、复合分工	单个口袋公园服务量占同时段组群服务总量的40%以上	中心明确,组群服务有明确的垂直结构,支持居民集中开展各类游憩活动	水平结构较弱,口袋公园间服务状态失衡,服务中心口袋公园存在容量突破、服务质量下降风险
多中心结构	垂直分工、复合分工	服务中心口袋公园的服务量占同时段组群服务总量的70%以上;服务中心口袋公园数量少于非中心口袋公园数量	组群服务有较明确的垂直结构,中心口袋公园之间具有一定分工	口袋公园间服务状态失衡,非中心口袋公园难以得到充分利用
无中心结构	水平分工、复合分工	没有单个口袋公园服务量超过组群服务总量的40%	口袋公园服务呈现明确的水平分工,服务状态较均衡,相互流动和支持性较强	游憩服务空间分配过于平均,有可能让主体使用人群的主要游憩活动难以找到适合场所

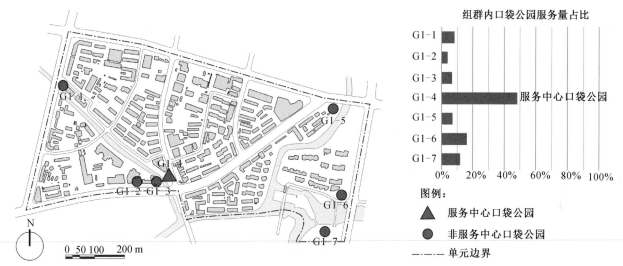

图 4-15　单中心结构组群案例——[南京]白下路太平南路东南街区

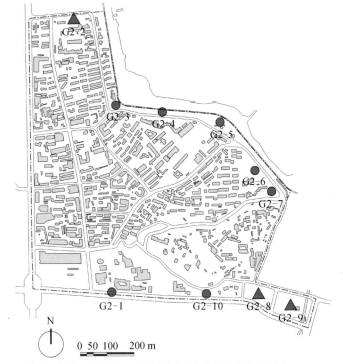

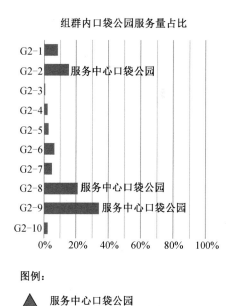

图 4-16　多中心结构组群案例——[南京]北京东路中央路东北街区

无中心结构组群通常没有明显的服务中心,即没有单个口袋公园服务量超过组群服务总量的40%,各个口袋公园之间服务状态相对均衡。无中心结构组群所在地段的潜在使用者通常在服务单元内均衡分布,组群内的口袋公园通常也有较明确的分工,相互间的支持性和流动性较强。因此,该结构常见于水平分工或复合分工模式中(图4-17)。

　　值得注意的是,由于绿地服务状态具有较强动态性,口袋公园组群的服务结构也可能随着时间的不同出现动态变化。例如,累积服务总量呈现出多中心结构的口袋公园组群可能在局部时段呈现出单中心或无中心结构(图4-18);而累积服务总量呈现为无中心结构的口袋公园组群也可能在局部具体时段存在明显的服务中心(图4-19)。

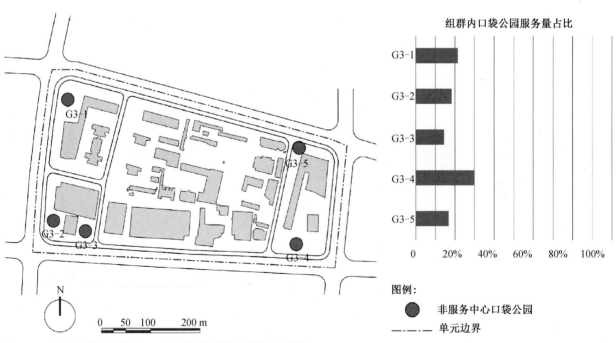

图4-17　无中心结构组群案例——[南京]长江路洪武北路东南街区

　　　　　　　　　　　　　　　　　　　　　　口袋公园规划设计原理与方法

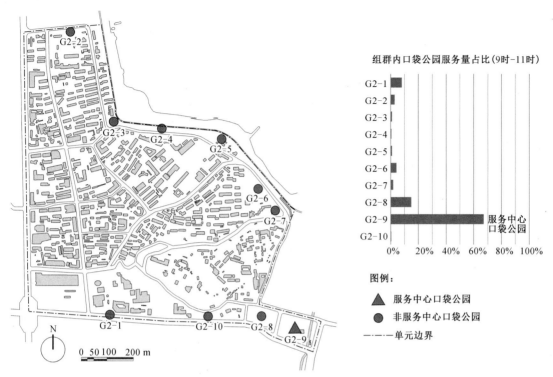

图 4-18　总体多中心结构局部时段单中心结构组群案例——[南京]北京东路中央路东北街区

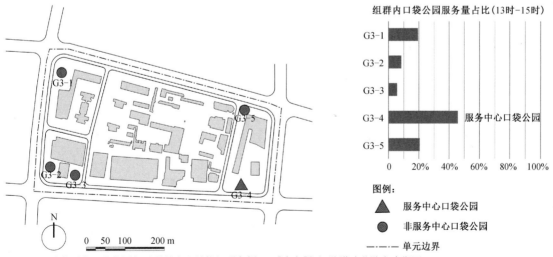

图 4-19　总体无中心结构局部时段单中心结构组群案例——[南京]长江路洪武北路东南街区

第 4 章　口袋公园组群建构与协同

113

(3) 服务结构衡量

对口袋公园组群服务结构的衡量主要是定量描述内部要素对于组群服务总量的贡献度及其总体特征。其中,各口袋公园对于组群服务总量的贡献度可通过游客量占比来反映,而组群内部服务结构的总体特征则可通过熵指数(Entropy Index,简称 EI)或赫芬达尔-赫希曼指数(Herfindahl-Hirschman Index,简称 HHI)来反映(表4-4)。这两个指数虽然计算方法不同,但最初均源于经济学领域对于市场份额集中度的衡量,指标值越大,表明市场集中度越高,当指标值为1时,市场处于完全垄断。该指标的作用原理对于组群服务结构的衡量同样适用,即指标值越大,反映游客向服务中心口袋公园集中,指标值为1则表示游客接待服务由组群中的某个口袋公园垄断,而指标为0则表明组群各个口袋公园游客量完全相等,属于无中心服务结构。在实际应用过程中,EI 和 HHI 指示作用类似,可选择一项使用(图4-20)。

表 4-4　口袋公园组群服务结构衡量指标

项目	代表性指标	公式	值域意义
总体均衡度	EI	$EI = -\left[\sum_{1}^{k} P_i \ln(P_i)\right]/\ln(k)$ EI 为组群熵指数,k 为组群中的口袋公园数量,P_i 为口袋公园 i 游客数在组群游客数中的比例	熵指数值越高,组群内口袋公园服务状态越均衡
	HHI	$HHI = \sum_{1}^{k} (N_i/N)^2$ HHI 为赫芬达尔-赫希曼指数,k 为组群中的口袋公园数量,N_i 为口袋公园 i 接待游客数,N 为组群接待游客总数	HHI 值越趋近于 0,组群内口袋公园服务状态越均衡
个体贡献度	游客数占比	$C_i = N_i/N$ C_i 为口袋公园 i 贡献度,N_i 为口袋公园 i 接待游客数,N 为组群接待游客总数	个体贡献度越高,该口袋公园在组群服务结构地位越重要

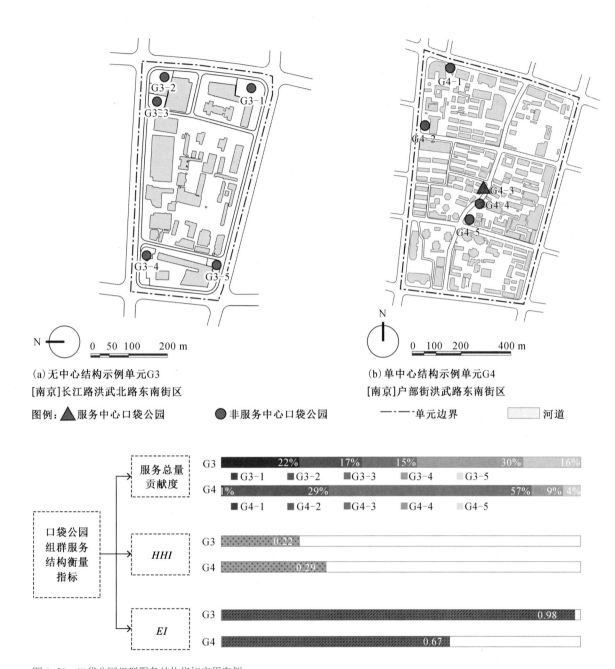

图例： ▲ 服务中心口袋公园　● 非服务中心口袋公园　——— 单元边界　▢ 河道

(a) 无中心结构示例单元G3
[南京]长江路洪武北路东南街区

(b) 单中心结构示例单元G4
[南京]户部街洪武路东南街区

图4-20　口袋公园组群服务结构指标应用案例

4.3.2 空间结构

(1) 结构类型与特点

口袋公园组群空间结构主要由口袋公园自身及其间的空间连接两类要素组成。口袋公园在组群空间结构中起到服务中心或节点作用,也决定了组群空间的基本格局;空间连接则主要指组群内联系各个口袋公园的慢行交通线,它决定了组群内部人群的流向及口袋公园间的空间关系。依据口袋公园组群在服务单元中的分布特点及其在服务中的空间关联模式,可将其空间结构分为环形结构、放射结构、线形结构、网络结构四类(表4-5)。

呈现环形结构组群的口袋公园通常位于服务单元外围,并被外围环形慢行交通线连接,该结构组群常见于开放空间集中在外围、内部建筑密度较高或相对封闭的街区(图4-21)。该结构下口袋公园能形成连续闭合的服务序列,并能为日常健步、跑步、骑行、遛狗等游憩活动开展创造有利条件。该结构主要缺点在于口袋公园之间的联系渠道相对单一,协同关系也相对简单。

在放射结构组群中的部分口袋公园位于服务单元中心地段,其他则分布于服务单元外围,口袋公园之间通过服务单元内部的慢行交通线连接(图4-22)。该结构组群多见于内部具有一定开放空间、较开放的街区。该空间结构能将口袋公园组群的服务导入服务单元内部,让绿地具备较高可达性,缺点则是组群内不容易形成连贯闭合的服务序列,中心口袋公园和周边口袋公园服务效率可能相差过大,导致服务状态失衡。

在线形结构组群中的口袋公园通常位于服务单元的一侧或沿内部带状开放空间分布,该结构常见于内部开放空间较少或封闭型街区(图4-23)。在该结构下,口袋公园组群能形成连续但不闭合的服务序列,并与周边其他服务单元的绿地服务体系衔接预留接口。但是,由于线形结构组群通常在一定程度偏离服务单元中心地段,容易导致居民可达性呈现较大差异,同时与环形结构组群类似,该结构下口袋公园之间的联系渠道也相对单一。

网络结构组群中的口袋公园通常分散于服务单元内部各个地段,并被穿越服务单元内部的慢行交通网络连接(图4-24)。该结构组群多见于内部开放空间较多、慢行系统丰富的开放型街区。由于空间连接系统发达,该空间结构下的口袋公园能够形成不同的服务序列和循环系统,具备较高可达性。但口袋公园组群网络结构建立和形成的条件较为苛刻,在高密度环境下通常有着较大难度。

在规划实践过程中,各个空间结构之间并没有绝对的优劣之分,也没有能放之四海而皆准的理想结构模式。在很大程度上,口袋公园组群空间结构的选择和形成均是由服务单元内部用地结构、开发强度、空间肌理、交通结构等因素共同决定的。能否结合服务单元特征选取并建立适宜的空间结构将直接关系到口袋公园组群的服务状态及其对游憩需求的响应程度,这部分内容将在第 5 章详细讨论。

表 4-5　口袋公园空间结构类型及其特征

结构类型	示意图	适用环境	优点	缺点
环形结构		开放空间集中在外围、内部建筑密度较高或较封闭的街区	利于形成连续闭合的服务序列,并能为日常健步、跑步、骑行、遛狗等游憩活动提供便利条件	口袋公园之间的联系渠道相对单一,协同关系相对简单
放射结构		内部具有一定开放空间、较开放的街区	利于将口袋公园组群服务导入服务单元内部,绿地可达性较高	组群内不易形成连贯服务序列,口袋公园间服务效率可能相差过大导致服务状态失衡
线形结构		内部开放空间较少或封闭型街区	形成连续但不闭合的服务序列,并与其他服务单元的服务系统衔接预留接口	不同地段居民可达性差异较大,口袋公园之间的联系渠道也相对单一
网络结构		内部开放空间较多、慢行系统丰富的开放型街区	形成不同的服务序列和循环系统,同时具有较好的可达性	要求苛刻,在高密度环境下实现有较大难度

图例:

口袋公园范围

组群服务单元

街区慢行系统

河流水系

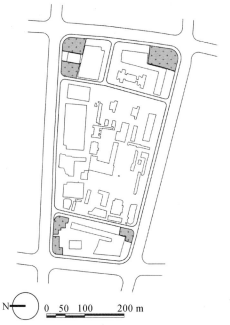

图 4-21　环形结构组群案例——[南京]长江路洪武北路东南街区

图 4-22　放射结构组群案例——[南京]珠江路中山路东北街区

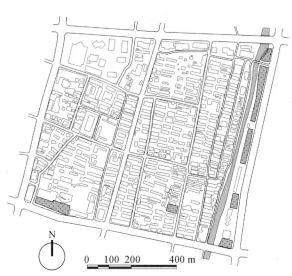

图 4-23　线形结构组群案例——[南京]中山东路太平南路东南街区

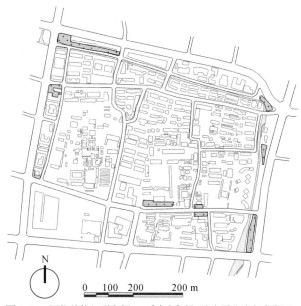

图 4-24　网络结构组群案例——[南京]珠江路太平北路东南街区

　　　　　　　　　　　　　　　　　　　　　　　口袋公园规划设计原理与方法

（2）空间结构衡量

对于口袋公园组群空间结构的衡量主要是定量描述口袋公园组群的绝对和相对空间特征,其中绝对空间特征主要是反映组群的规模、尺度等客观属性,包含口袋公园密度、邻近口袋公园平均距离、平均连接线数量等;相对空间特征主要描述的则是组群的形态、集聚程度等属性,例如口袋公园组群的空间形态紧凑度、分布聚集程度等。在实践或研究对比过程中,两类指标的综合应用能通过定量方式对口袋公园组群空间关系进行相对客观的描述(表4-6、图4-25)。

表4-6　口袋公园组群空间结构衡量指标

项目	代表性指标	公式	值域意义
绝对空间特征指标	口袋公园组群密度	$DenGr = N/S$ $DenGr$ 为口袋公园组群密度, N 为服务单元内口袋公园组群数量, S 为服务单元面积	该指标越高,则口袋公园组群在服务地段的密度越高
	平均最邻近口袋公园距离	$\bar{D}_O = \sum_1^k D_i/k$ $\bar{D}_O$ 为最邻近口袋公园平均距离, k 为组群中口袋公园数量, D_i 为口袋公园 i 与它最邻近口袋公园之间的路径距离	该指标越高,口袋公园与周边邻近口袋公园间越容易产生关联互动
	平均连接线数量	$AveNum = \sum_1^k N_i/k$ $AveNum$ 为口袋公园平均连接线数量, k 为组群中口袋公园数量, N_i 为组群内与口袋公园 i 有直接连接的口袋公园数量	该指标越高,组群内部口袋公园间的联系网络越复杂
相对空间特征指标	空间形态紧凑度	$LFCR = \sqrt{\pi A/P}$ $LFCR$ 为口袋公园组群空间形态紧凑度, A 为口袋公园组群凸多边形面积, P 为组群凸多边形周长	该指标越高,则口袋公园组群的空间形态越紧凑
	平均最近邻指数	$ANNR = \bar{D}_O/\bar{D}_E$ $ANNR$ 为口袋公园组群平均最近邻指数, $\bar{D}_O$ 为组群最邻近口袋公园平均距离, $\bar{D}_E$ 为口袋公园随机分布时的平均距离	指数小于1,所表现的模式为聚类;指数大于1,则所表现的模式趋向于离散或竞争

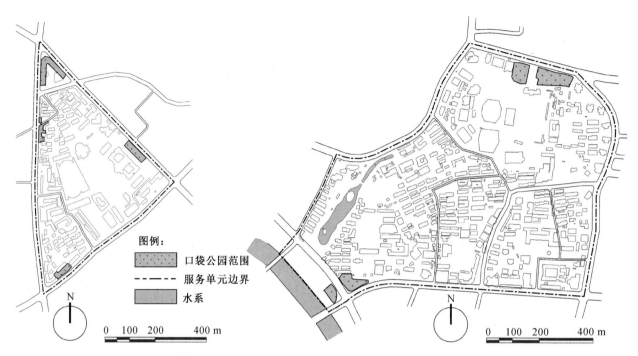

图例：

口袋公园范围

服务单元边界

水系

(a)单元A（[南京]中山北路虎踞北路东南街区）　　(b)单元B（[南京]汉中路虎踞路东北街区）

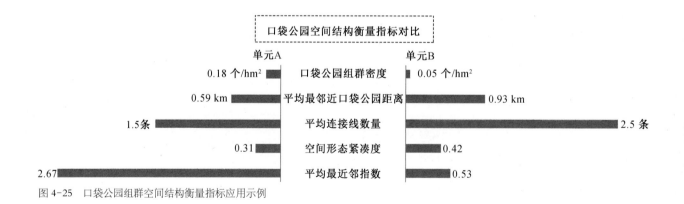

口袋公园空间结构衡量指标对比

单元A		单元B
0.18 个/hm²	口袋公园组群密度	0.05 个/hm²
0.59 km	平均最邻近口袋公园距离	0.93 km
1.5条	平均连接线数量	2.5 条
0.31	空间形态紧凑度	0.42
2.67	平均最近邻指数	0.53

图4-25　口袋公园组群空间结构衡量指标应用示例

4.4 组群服务协同与绩效

4.4.1 服务协同内涵

"协同"概念源于物理学,1970 年代德国物理学家赫尔曼·汉肯(Hermann Haken)最早提出"协同"概念和协同理论,并创立协同学。根据协同学观点,"协同"即协调合作,复杂开放系统在与外界物质和能量交换过程中,通过内部各子系统或要素之间协同,会产生有序的空间、时间或功能结构。协同效应是指开放系统中大量子系统相互作用而产生的整体效应或集体效应,即所谓的"1＋1＞2"的现象。在实际应用中,基于协同理论建立的分析模型可以对各种不同系统的自组织状态和过程展开定性描述和定量分析。由于协同理论揭示的是系统自组织的一般原理和规律,在自然和社会科学的诸多领域中均展现出良好的适用性。

城市绿地自身也具有鲜明的开放系统特征,因而协同理论在城市绿地相关研究中同样具有广阔的应用空间,例如城市绿地与居民人口空间增长及分布协同特征、城市绿地布局中多项功能需求协同响应、城市绿地与其他功能要素协同发展特征等。与过往研究聚焦于城市绿地与外部服务对象或环境要素的协同关系不同,对于口袋公园组群服务协同的讨论主要聚焦于口袋公园要素之间的相互关系,探讨的核心问题是口袋公园组群内部构成要素(口袋公园单体)在游憩服务过程中的相互作用机制及其产生出的有序结构模式和运行特点,从而为口袋公园规划设计实践提供有益借鉴。

结合协同概念的一般性内涵以及口袋公园的服务特征,口袋公园组群的协同效应可描述为组群内绿地通过协调合作,在游憩服务过程中建立起相互补充支持的良性互动关系,并由此产生的整体(或系统)效应。其中,口袋公园组群服务过程中的协同关系主要通过服务结构指标(表 4-4)反映,而协同结果则主要通过服务绩效指标(表 4-7)来反映。

表 4-7　口袋公园组群服务绩效衡量指标

类型	项目	代表性指标	计算公式	指示含义
业绩指标	服务总量	游客总数	$N = \sum_{1}^{k} N_i$ N 为口袋公园组群在特定时段内游客总数，k 为组群口袋公园总数，N_i 为口袋公园 i 在该时段内的游客数	该指标越高，组群服务规模越大
	社群多样性	社群香农-威纳指数	$Hc = -\sum_{1}^{j} G_i \ln(G_i)$ Hc 为社群香农-威纳指数，j 为社群类型总数，G_i 为群体 i 游客数在游客总数中的比例	该指数越高，组群社群共享度越高
		社群辛普森指数	$Sc = 1 - \sum_{1}^{j} G_i^2$ Sc 为社群辛普森指数，j 为社群类型总数，G_i 为群体 i 游客数在游客总数中的比例	该指数越高，组群社群共享度越高
	活动多样性	活动香农-威纳指数	$Hm = -\sum_{1}^{m} O_i \ln(O_i)$ Hm 为活动香农-威纳指数，m 为活动类型总数，O_i 为开展活动 i 游客数在游客总数中的比例	该指数越高，组群活动包容度越高
		活动辛普森指数	$Sm = 1 - \sum_{1}^{m} O_i^2$ Sm 为活动辛普森指数，m 为活动类型总数，O_i 为开展活动 i 游客数在游客总数中的比例	该指数越高，组群活动包容度越高
效率指标	空间使用效率	组群游客密度	$DenV_i = N/S$ $DenV_i$ 为组群游客密度，N 为组群游客总数，S 为组群口袋公园总面积	该指标越高，组群空间使用效率越高
		游客平均访园时间	$AveT_i = \sum_{1}^{N} T_i/N$ $AveT_i$ 为游客平均访园时间，N 为组群游客总数，T_i 为游客 i 的访园时间	该指标越高，组群空间使用效率越高
	居民需求响应度	居民访园率	$R = N/P$ R 为服务单元居民访园率，N 为组群接待游客总数，P 为服务单元居民总数	该指标越高，居民需求响应度越高

注:在实际应用过程中,香农-威纳指数和辛普森指数选择指示作用类似,因而选取一项使用即可。

4.4.2　服务绩效

"绩效(performance)"概念最早由管理学领域提出,反映的是人们从事某一种活动所产生的成绩和结果,并作为评测指标和管理策略被用以提高企业生产能力。在 20 世纪末,"绩效"概念被越来越多地应用于城市规划领域,它既被用于衡量某类城市专项职能运行的总体水平,如经济绩效、环境绩效、社会绩效等,也常被用于描述城市当中某一类特定用地或设施功效状态,如工业用地绩效、商业用地绩效、交通设施绩效等。城市绿地绩效属于后者,主要用来衡量和描述城市绿地的功能运行水平。口袋公园组群服务绩效是口袋公园组群服务协同的结果,也是协同效应的最终体现。根据指标衡量方式和目标,口袋公园服务绩效指标可分为用以衡量"绩"的业绩指标和用以衡量"效"的效率指标两类。

(1) 业绩指标

根据口袋公园功能服务特点,口袋公园组群服务的业绩指标应既包含对组群服务总量的衡量(即游客量),也包含对组群服务共享度(不同社会群体共享程度)和包容度(对不同行为活动类型包容程度)的衡量。其中,口袋公园组群服务总量衡量,主要通过具体时段内各个口袋公园游客访问人次统计来完成;而不同社会群体(社群)的共享度及不同行为活动类型的包容度,则可采用多样性指标进行衡量,如香农-威纳指数(Shannon Wiener Index)和辛普森指数(Simpson Index)。多样性指标最初是用在生态学领域对于生物多样性水平的评测。其中,香农-威纳指数在多样性测度上,借用信息论中不定性测量方法,就是预测下一个采集的个体属于什么种,如果群落的多样性程度越高,其不定性也就越大;辛普森指数评测原理则是对随机取样的两个个体属于不同种概率的衡量。两个指数评测均包含种数(社群类型或活动类型数量)以及各种间个体分配均匀性(社群均匀度或活动均匀度)。两个指数值越高,反映使用群体或活动类型多样性越高,口袋公园组群共享度或活动包容度也越高。

(2) 效率指标

衡量城市绿地服务效率的常规指标一般采用的是游客密度和平均访园时间。但是平均访园时间较难测量,而不同口袋公园面积相差能至 20 余倍(如美国佩雷公园面积约 0.04 公顷,中国游园面积可达到 1 公顷),组群面积的较大差异将会给密度指标带来巨大波动,并影响密度指标的指示信息精准度。因此,可在该两个指标基础上,引入服务单元居民访园率指标来检验组群对于居民需求响应程度,并作为其服务效率的另一个指示信息。在不同组群服务绩效指标比较过程中,如出现业绩和效率两类指标互有高低时,不应简单依据某一类指标状态做出结论,而应综合考量两类指标的综合指示信息来进行判断。

4.4.3 服务协同模式

口袋公园组群服务协同的目的是提升组群整体游憩吸引力及服务品质,并最终优化组群总体服务绩效。以服务总量(游客量)指标为例,根据对南京市多个口袋公园组群样本的实地调研和统计分析,我们对服务总量相对较高的口袋公园组群在累积时段和分时段的服务结构及服务量指标展开分析,并对服务协同模式结果进行归纳,见表4-8。

(1)累积时段协同

与组群服务结构类型对应,全天累积时段(7:00—21:00)服务总量较高的口袋公园组群分为中心型协同和无中心型协同两类。其中,中心型协同组群具有明确的服务中心,组群呈现垂直分工结构(图4-26);无中心型协同组群各个口袋公园服务效能相对均衡,口袋公园之间水平分工较强(图4-27)。

(2)分时段协同

进一步分析各累积服务总量较高组群的分时段(7:00—21:00 每两个小时一个时段,共7个时段)服务结构特征,可以发现主要呈现出分时同中心、分时异中心及分时无中心三种类型协同模式。其中,分时同中心型协同模式为组群在各时段由相同的口袋公园担任服务中心,通常在累积时段表现为中心型协同模式(图4-28);分时异中心型协同模式为组群在各时段由不同的口袋公园来担任服务中心,通常在累积时段表现为中心型或无中心型协同模式(图4-29);分时无中心型协同即组群在任何时段都没有明显的服务中心绿地,通常在累积时段表现为无中心协同模式。

表4-8 基于效能指标的组群服务协同模式及其特征

时段	协同模式	特征
累积时段协同	累积中心型协同	具有明确的服务中心,组群内部口袋公园呈现紧凑的垂直分工结构
	累积无中心型协同	各个口袋公园服务状态相对均衡,口袋公园之间互补性较强,呈现显著的水平分工结构特征
分时段协同	分时同中心型协同	组群在各时段由相同的口袋公园担任服务中心,各个口袋公园服务状态在各时段相对稳定,通常在累积时段表现为中心型协同模式
	分时异中心型协同	组群在各时段由不同口袋公园来担任服务中心,各口袋公园服务状态在各时段变化相对较大,通常在累积时段表现为中心型或无中心型协同模式
	分时无中心型协同	任何时段都没有明显的服务中心绿地,在各时段口袋公园服务状态均相对均衡,通常在累积时段表现为无中心协同模式

4.4.4　服务绩效影响因素

绩效是口袋公园组群服务协同的直接反映,也可作为组群服务协同程度和模式的评价标准。

(1)服务总量的影响因素

首先,口袋公园组群服务总量与服务单元内的潜在使用者规模及其到达口袋公园的邻近度直接相关,例如服务单元内居民人口规模越大、距离各个口袋公园越近,口袋公园组群服务总量通常也会越大。其次,根据口袋公园服务状态影响因素研究结果,口袋公园组群自身的服务容量(例如绿地总面积、活动场地面积等)也会对其服务总量产生直接影响,尤其在绿地资源稀缺条件下,口袋公园组群容量将会直接制约其服务能力。最后,口袋公园周边游憩相关设施也能提升口袋公园服务品质和吸引力,进而推动其服务能力的提升。

此外,组群的服务分工、空间结构等总体特征也会对服务总量产生影响。根据我们在南京的调研结果,服务分工相对多样的口袋公园组群,其对于不同类型游客需求的适应能力越高,将有助于提升其整体游客访问量。同样,空间结构越紧凑,口袋公园间相互关联越紧密的组群既便于形成整体协同效应,也有助于强化绿地间的互补和支持,从而提升其游憩服务品质和吸引力。

(2)服务多样性的影响因素

根据我们对南京市口袋公园使用情况的调查分析显示,社群多样性与活动多样性呈现出高度相关性,在口袋公园组群绩效衡量时可统称为服务多样性指标(图4-30)。口袋公园组群服务多样性水平直接与服务单元内的居民社群构成特征相关。居民社群构成越多样的服务单元对于口袋公园服务多样性的需求越强烈,并增大了口袋公园中人群多样化行为活动发生的几率。

另一方面,组群内部口袋公园服务分工模式和空间组织安排也对不同类型社群和活动包容性产生直接影响。例如,在口袋公园组群服务分工时,如能对不同口袋公园进行差异化定位,则能建立有效兼容多样社群使用的水平分工模式;如能精细化分析和梳理不同社群分时段需求或出行活动特点,则能针对性建立提供错峰服务的复合化分工模式。此外,如果实施空间受限,还可适当扩大集中活动场地的面积和比重,维持口袋公园容量和使用弹性。

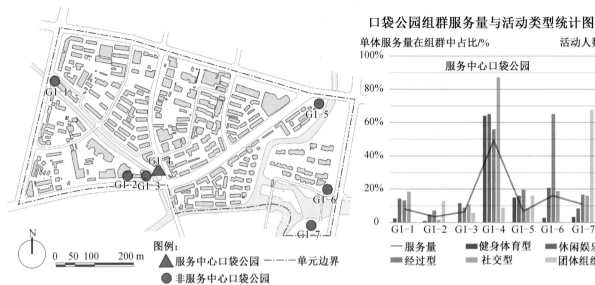

图 4-26　全天累积中心型协同组群案例——［南京］白下路太平南路东南街区

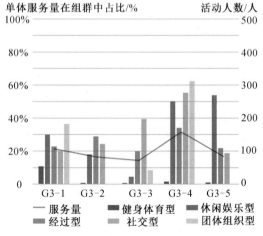

图 4-27　全天累积无中心型协同组群案例——［南京］长江路洪武北路东南街区

126　　　　　　　　　　　　　　　　　　　　　　　　口袋公园规划设计原理与方法

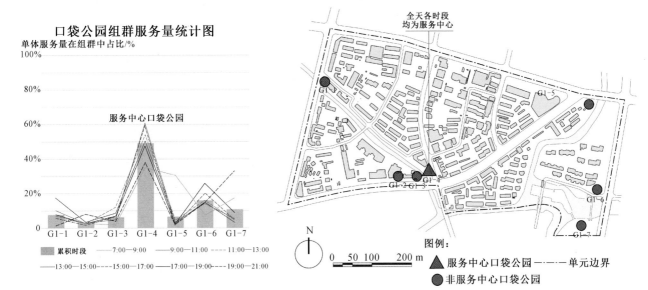

图4-28　分时同中心型协同模式案例——[南京]白下路太平南路东南街区

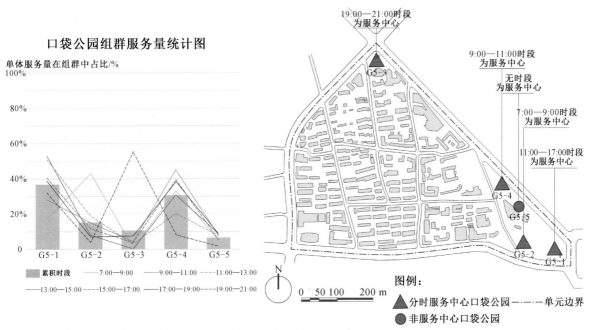

图4-29　分时异中心型协同模式案例——[南京]北京西路云南路东北街区

（3）需求响应度的影响因素

需求响应度是一个较为综合的指标,既包含对需求侧状态的衡量,也包含对供给侧状态的描述,两者的适配程度决定了需求响应度指标的高低。这种供需适配既包含了供需侧要素"量"的适配也包含了"质"的适配。其中,量的适配主要指口袋公园配置规模应与服务需求规模适配,做到供需等量。质的适配则有两层含义,既指口袋公园应提供符合使用者期待的服务品质(可达性、服务类型、植被绿化、空间品质等),也指口袋公园组群的服务分工及服务模式应与社群构成及其需求相一致,做到有求必应。

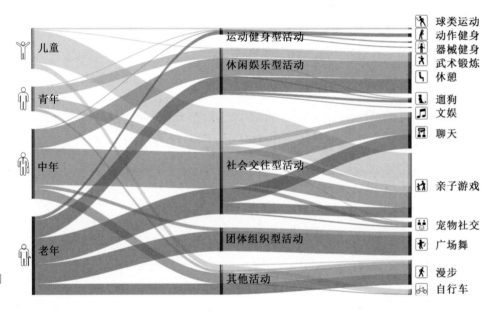

图 4-30　某口袋公园中不同群体的活动类型分布

口袋公园规划设计原理与方法

第 5 章 口袋公园布局调控

5.1 价值导向

规划中的价值导向与城市特定环境或发展阶段中所需应对的问题和挑战直接相关,具有较强现实性和动态性。与城市绿地服务体系整体建构阶段不同,口袋公园布局调控主要在高密度建成环境中开展,其主要任务是对既有城市绿地日常服务体系进行精准调适和优化。在此背景下,口袋公园布局调控的价值导向应兼顾需求、公平、适宜、协同四个维度。

5.1.1 需求导向

口袋公园概念的产生和实践发展一直将实用性作为自身的核心价值,因此口袋公园在布局调控中也应将精准响应居民游憩需求作为优先导向。对于居民需求做出精准响应,也是口袋公园及其组群建成后服务绩效最大化的重要保障。要做到对居民游憩需求的精准响应,需在口袋公园布局调控中在空间、规模和内涵三方面与居民需求进行适配。其中,与居民游憩需求空间上的适配需要先对居民游憩需求的分布进行甄别,并按照居民需求的分布就近配置口袋公园作为响应;规模适配则需对周边居民游憩需求强度进行甄别,并将之作为确定口袋公园容量及规模的主要依据;内涵适配则需精确分析周边居民构成及不同群体特定游憩需求特征,并作为口袋公园组群服务分工、空间安排及设施配置的依据。内涵适配虽不全是布局调控问题,却可在布局调控阶段做出统筹协调并为后续详细深入安排预留接口。

5.1.2 公平导向

根据美国政治哲学家、伦理学家 J. 罗尔斯(J. Rawls)在《正义论》中的观点,规划公平性议题本质是处理资源配置过程中不同群体的具体利益分配问题,而"环境正义"内涵则更为具体,并主张各个社会群体均具有平等享受包含城市绿地在内的公共资源权利。因此,如果现状存在公共资源在各个社会群体之间分配不均的问题,规划中的资源再分配应优先向资源占用较少的弱势群体倾斜,即展开"社会救济",从而增进规划公平,维护环境正义。口袋公园布局调控的重要初衷之一就是要改善高密度城市或地段内不同群体间绿地资源分配严重失衡的问题。因此,在高密度地段资源受限条件下,应该引导资源优先向弱势群体所在区域配置。

目前对于绿地规划公平性的衡量主要可分为配置规模公平、可达性公平、群体分配公平以及需求响应公平四个维度和层次。其中,配置规模公平主要是通过底限控制指标,如人均公园绿地面积、人均公园绿地数量等来衡量;可达性公平主要是通过可达性指标,如居民 5 分钟步行范围可达公园绿地数量和面积、公园绿地服务半径覆盖人口比率等衡量;群体分配公平主要通过社会公平性指标,如公园绿地资源分配基尼系数、洛伦茨曲线等衡量;需求响应公平主要是通过公民满意度评测完成,如特定群体公园绿地规模需求响应度、可达性需求响应度、设施类型和密度需求响应度等。口袋公园布局调控同样应致力于上述四个层次指标的改善,并应结合自身属性特质,在可达性、机会配置及需求响应等方面的公平性提升上发挥主要作用。

5.1.3 适宜导向

由于口袋公园的规划发展主要是在高密度城市内部,其中环境要素众多且建设饱和度高,能否具备适宜的发展环境和空间载体成为口袋公园布局调控的关键问题。发展环境适宜性主要指口袋公园选址地段周边环境是否有助于口袋公园功能运行及服务开展,其衡量因素包含用地周边的积极因素(如游憩相关设施、慢行交通设施等)与消极因素(危险设施、竞争性公园绿地、交通阻隔要素等)。用地周边积极因素越多、消极因素越少的地段越有利于口袋公园功能服务的开展。空间载体适宜性则主要是指能否找到最适宜建设口袋公园的用地空间来进行布局选址,其衡量因素通常包含用地获取机会、建设实施条件(面积、形态、坡度、地表附着物等)等方面。通常用地获取成本越低、建设实施条件越有利的地块较适合作为口袋公园发展建设的空间载体。

5.1.4 协同导向

相关研究表明,邻近绿地之间既有可能产生互补协同效应,也有可能产生竞争抑制效应,因此在口袋公园选址和组群建构时若要保障组群整体服务绩效,则需要最大化绿地间的协同效应。组群整体服务绩效是协同导向的核心关注点,这也需对组群内各个口袋公园在职能安排和空间布局上展开精细化的引导控制。

口袋公园组群的协同主要体现在职能互补和空间关联两个层面。其中,职能互补主要是指口袋公园单体在满足周边居民游憩需求的同时,还应与组群内的其他口袋公园进行差异化定位(如场地安排、设施配置差异等),为居民提供多样化的选择和更丰富的游憩体验,避免同质化竞争。空间关联主要是指组群内部口袋公园应在空间上相互联系,即被慢行交通线(步道、自行车道、绿道等)相互连接,形成有机的口袋公园服务网络,从而便于口袋公园之间的功能互补、游客流转以及服务序列的形成。

5.2 与规划编制体系的关系

对照当前国土空间规划"五级三类"的架构,口袋公园布局调控主要涉及总体规模、组群结构、单体选址及单体边界控制四方面内容。调控相关内容在总体规划、专项规划和详细规划三个类型规划中均有涉及,并且各类规划对于口袋公园布局调控的相关内容各有侧重。

5.2.1 总体规划层面

城市总体规划是对一定时期内城市性质、发展目标、发展规模、土地利用、空间布局以及各项建设的综合部署和实施安排。城市总体规划的立足点和关注问题均较为宏观,并对包含绿地在内的各类用地空间结构和发展规模进行综合统筹和总体安排。由于口袋公园尺度较小并且部分从属于其他类型用地,因此在总体规划层面很难直接触及所有口袋公园要素的空间布局和详细安排。其中，与口袋公园布局相关的内容主要聚焦于有着独立用地载体、属于"正规绿地"的口袋公园（主要为"G14游园"）总体规模及单体选址上（表5-1）。

另一方面，与口袋公园布局调控相关的要素空间安排和控制在城市总体规划中将初步成形。例如，居住区布局基本确定了口袋公园主体服务对象和需求的空间分布、道路系统建构总体切分出了口袋公园组群的基本服务单元、公共服务设施体系建立为口袋公园服务提供了丰富的外部环境支持系统等。这些相关要素规划思路和结构的确定，也将为后续规划中口袋公园布局调控方案推导提供重要依据。

表5-1　口袋公园布局相关内容在各类规划中的调控要点

规划层面	规划类型	"正规绿地"范畴下的口袋公园				"非正规绿地"范畴下的口袋公园			
		总体规模	组群结构	单体选址	单体边界	总体规模	组群结构	单体选址	单体边界
总体规划	城市总体规划	●	—	○	—	—	—	—	—
专项规划	城市绿地系统规划	▲	●	●	○	●	●	○	○
详细规划	控制性详细规划	▲	●	▲	●	▲	●	△	△
	修建性详细规划	▲	▲	▲	▲	▲	▲	●	●

注：●表示该内容在此类规划中明确控制；○表示该内容在此类规划中引导；▲表示该内容承接上位规划进行细化控制；△表示该内容承接上位规划进行细化引导；—表示该内容在此类规划中未被涉及。

5.2.2　专项规划层面

专项规划是以国民经济和社会发展特定领域为对象编制的规划，是总体规划的若干主要方面、重点领域的展开、深化和具体化。与口袋公园布局调控相关的专项规划主要是城市绿地系统专项规划。

在城市绿地系统专项规划中，将对各类型城市绿地功能、指标、结构及选址布局进行完整系统的安排。其中，就包含了对附属绿地规划指标的控制以及对其布局结构和选址的引导。因此，城市绿地系统专项规划能够对口袋公园所有要素的规模及组织结构展开综合统筹,除了能落实城市总体规划对"正规绿地"范畴下的口袋公园规模和选址安排外,还能对"非正规绿地"范畴下的口袋公园规模进行控制,并对其选址和边界展开针对性引导。

随着近年来城市对于可持续发展以及居民绿色出行的日益重视,在城市绿地系统专项规划基础上,很多城市还进一步组织编制了城市绿道专项规划、城市公园绿地专项规划等类型项目。其中,城市绿道专项规划能对口袋公园之间的空间连接以及口袋公园组群内部慢行网络建构做出相应安排,城市绿道沿线口袋公园也可作为绿道服务节点在规划中得以整体调控。城市公园绿地专项规划则能针对城市的户外游憩空间体系进行更加全面和深入的安排,除了能对口袋公园规模、布局和形态进行深化细化的控制或引导外,还能对口袋公园与其他公园绿地的关系展开更具体的协调。

5.2.3　详细规划层面

详细规划是以城市总体规划或分区规划为依据,对一定时期内城市局部地区的土地利用、空间环境和各项建设用地所作的具体安排。这其中又分为控制性和修建性详细规划两个阶段。

(1)控制性详细规划

控制性详细规划主要依据城市总体规划,确定建设地区的土地使用性质和使用强度的控制指标、道路和工程管线控制性位置以及空间环境控制的规划要求。控制性详细规划是落实专项规划中口袋公园组群空间结构和服务分工的关键一环。因为它一方面能对"正规绿地"范畴下的口袋公园地块位置和边界进行精准控制,对其中的设计风格和建设内容进行详细引导;另一方面也能对"非正规"口袋公园选址、边界和建设内容展开引导。此外,与口袋公园服务相关的开发强度(直接影响口袋公园服务需求强度)、外部环境中游憩相关设施的类型和位置、连接线路布局选址等方面的控制也均在控制性详细规划中完成。

(2)修建性详细规划

修建性详细规划主要任务是依据控制性详细规划及规划条件,对地块建设提出具体安排和设计。对于口袋公园布局调控而言,该阶段规划能对"非正规"口袋公园选址和边界进行明确控制和详细安排,并对控制性详细规划中的设计和建设引导内容加以详细落实。

5.3　布局调控技术框架

5.3.1　调控思维

与居住、工业等类型用地相比,绿地规划在现代城市早期发展进程中相对滞后。因此,早期城市绿地规划通常采用"供给侧主导、底限保障"的规划思维,即由政府部门强制规定绿地配置的底限规模来保障绿地的发展机会。在随后的城市发展及更新进程中,以人为本、环境正义、集约用地等方面议题开始主导规划实践,需求侧因素(如可达性、公平性等)逐渐在城市公共资源配置中扮演着越发重要的角色,并在城市绿地布局中成为衡量和决策的关键因素。当前,随着众多城市大规模更新改造完成或放缓,城市开始步入"后更新"时期的精细化治理阶段。在该阶段,以民主公民权理论、社区和市民模型等为思想源的"新公共服务"理论成为城市公共管理的主要指导,满足不同社会群体多样化需求和偏好成为规划重要目标。为实现这些目标,城市修补、微更新、微改造等实践开始大量涌现,也给口袋公园规划发展带来了重要机遇。

在城市绿地规划发展整个进程中,布局调控经历了从早期"供给侧主导、底限保障"型思维向"需求侧主导、供需适配"型思维的转换过程,在该过程中绿地布局调控对象的空间和社会粒度均呈现出持续精细化趋势。其中,空间粒度的精细化体现在布局调控的空间单元由早期"城市"单元向当前"社区"乃至"地块"单元细化,而调控要素也由早期以大体量绿地为主转变为当前以小微体量绿地为主;社会粒度的精细化则体现在布局调控服务的目标群体社会属性(如年龄、性别、族群、信仰、收入等)不断细分上。随着调控思维的转换,也将推动城市绿地布局调控由"体系建构型"模式过渡到"体系调适型"模式。

5.3.2　衡量因素

由于供需侧因素均会对口袋公园布局调控过程和结果造成影响,因而要在口袋公园布局调控过程中实现供需精准适配,其关键在于要对口袋公园布局的供给侧和需求侧影响因素进行全面细致的衡量和比较,并在此基础上优选供需条件适配度高的区域作为口袋公园增补备选地段。

口袋公园规划设计原理与方法

其中,需求侧因素主要指口袋公园主体服务对象,即城市居民。供给侧因素主要反映城市或某特定区域在口袋公园发展过程中的能力和条件,具体可分为发展用地条件和发展环境条件两类因素。口袋公园发展用地条件指获取口袋公园发展用地的难易程度,其通常与城市发展所处阶段及其具体的经济与政策环境直接相关。例如,在城市快速扩张阶段,主要依托增量用地来发展绿地;当城市扩张停止并步入更新阶段时,则需依托存量用地来寻求绿地发展机会。口袋公园发展用地获取属于后者,需在建成环境下通过见缝插绿、拆迁建绿、破硬复绿等途径实现。发展环境条件则是指所在地段既有的用地、设施及交通等环境因素对于口袋公园建设实施、服务效果及管理维护等方面的积极和消极影响。

5.3.3 框架建立

目前对于口袋公园供给侧和需求侧因素的分析方法主要有定性和定量方法两类。其中,供需侧部分因素的分析衡量可通过定量途径完成,例如服务需求强度、发展环境适宜性等。但仍有部分因素需通过定性或定性与定量途径结合方式完成,例如口袋公园发展用地获取机会直接受到政策、经济、社会等多种因素制约,很难通过纯粹的定量途径进行分析。

为了能在口袋公园布局调控过程中对供需侧因素进行相对客观精准的比较衡量和适配分析,可采取两步走的策略,即将易于量化和难以量化的因素进行分步考虑。首先,将需求侧的需求分布、强度因素与供给侧能被量化的发展环境因素进行定量比较和适配分析,提取适配度高地段作为口袋公园优先增补的备选地段。其次,结合口袋公园发展用地获取的相关政策、经济及社会等因素展开定性分析,最终敲定口袋公园选址位置及用地范围(图 5-1)。

5.4 布局调控的目标与指标

在大多数城市发展进程中,口袋公园布局调控相关内容通常不是城市空间体系建构初期的重点。而随着城镇化进程深入,城市人口密度在不断增加过程中产生了一系列资源与环境问题才逐渐让口袋公园的发展获得决策者和社会大众的重视。因此,口袋公园布局调控的情境通常是高密度城市(城区、地段等)的更新阶段,其所要面临的问题一般是对既有城市绿地空间布局及其服务体系的再优化。因此,在布局调控目标和指标制定过程中,除了应考虑对口袋公园自身服务状态与指标的改善度之外,更应该立足于整体并综合权衡口袋公园布局调控对于整个城市绿地系统服务状态及指标提升的贡献度。

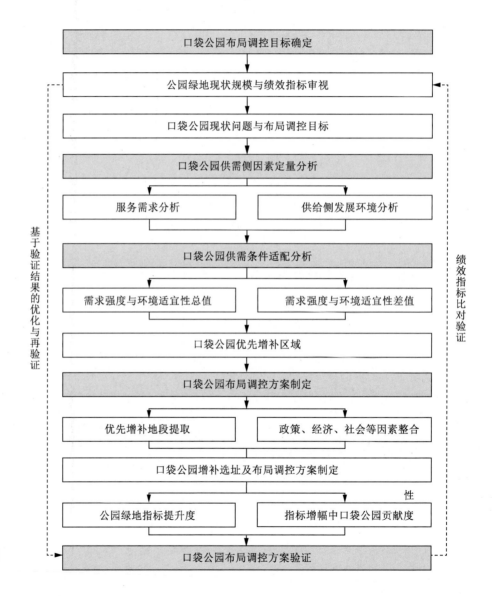

图 5-1　口袋公园布局调控技术框架

5.4.1　规模目标与指标

依据欧美早期的口袋公园发展经验和效果,口袋公园规划和建设发展所带来的直接红利就是能在高密度环境下增加大量的户外游憩机会。另一方面,口袋公园虽然单体面积较小,但是通过较大数量的累积,也能为城市绿地面积的提升做出明显贡献。因此,口袋公园布局调控的基本任务之一就是最大程度利用建成环境下适宜空间对绿地进行"增数"和"增量",缓解高密度地段户外游憩资源的供需矛盾。规模指标是绿地规划中最常用的指标,也是应用历史最悠久的指标类型,具体可分为面积指标和数量指标两类(表5-2),例如,人均公园绿地面积和万人拥有综合公园指数。在面积指标调控上,目前我国在《城市绿地规划标准》(GB/T 51346—2019)中明确规定"游园"人均面积应不少于1平方米。但在城市局部地段,如老城区高密度地段,要实现游园人均面积不少于1平方米的指标要求仍非易事。因此,在实际规划中对于口袋公园面积指标的使用还需结合不同地段的现实条件预留一定程度的弹性。例如,在2018版《城市居住区规划设计标准》(GB 50180—2018)中即专门提出在"旧区改建确实无法满足规定时……人均公共绿地面积不应低于相应控制指标的70%"。

与面积指标相比,口袋公园布局增补对于绿地数量指标的提升幅度更为显著。而绿地数量的提升首先解决了高密度地段居民周边户外游憩空间有无问题,这对鼓励居民游憩出行,提升绿地服务半径覆盖率均具有重要的现实意义。常见的绿地数量指标包含绿地总数、密度、万人(千人)指数、居民300米范围可达绿地个数等。在规划实践中,单独考量口袋公园自身数量指标并没有实际意义,而应与其他类型绿地进行整合以对居民日常游憩出行机会进行综合权衡,这样也能避免高密度环境下绿地的重复建设和资源浪费。

5.4.2　可达性目标与指标

口袋公园"分散布局、就近服务"的服务模式能在游憩资源稀缺的高密度环境下增加居民附近的绿地面积和户外游憩机会,尤其是增加居民5分钟步行距离内绿地的可达性,这对于提升居民日常生活品质以及身心健康均有重要意义。从绿地服务体系完善的视角来看,口袋公园的广泛布局也能将城市绿地日常游憩服务拓展到常规公园绿地难以企及的高密度地段,从而提高绿地服务可及性。

"可达性"概念源于古典区位理论,其现代计算模型在 1950 年代开始形成,并逐步被应用到绿地、交通、医疗、商业等公共服务设施布局研究当中。可达性指标包含可达机会和可达资源两类指标。可达机会指标是基于邻近度模型(缓冲区法、交通距离分析法、网络分析法、费用加权法、引力分析法等)建立的衡量指标。该类指标主要衡量居民是否具备获取绿地服务的能力,但却不能反映不同地域人群获取服务数量和质量的差异。可达机会指标在应用时有以绿地为主体的衡量模式(如 2016 版《国家园林城市系列标准》中规定公园绿地服务半径覆盖率不低于 80%),也有以居民为主体的衡量模式(如 2017 年《住房城乡建设部关于加强生态修复城市修补工作的指导意见》中提出的居民出行"300 米见绿、500 米入园"规划要求)。口袋公园布局应侧重于弥补常规公园绿地的日常服务盲区,保障居民的日常游憩机会,即围绕 5 分钟生活圈(300～400 米服务半径)这个层面确定规划目标和指标。该指标还应结合其他类型公园绿地布局来进行综合考量,理想状态下口袋公园的增补目标应是让所有居民出行均能"300 米见绿",即让日常游憩型绿地(常规公园绿地＋口袋公园)300 米服务范围对居民覆盖率达到 100%,但在实施空间特别受限地段也可预留一定弹性,例如规定实施空间受限地段的日常游憩型绿地服务半径覆盖率可放宽至 80%(《国家园林城市系列标准》)。

表 5-2　口袋公园布局调控指标类型及衡量方式

指标大类	指标小类	代表性指标	衡量主体		衡量方法		
			供给侧	需求侧	规模评测	空间评测	人群评测
规模指标	面积指标	人均公园绿地面积;建设用地公园绿地占比	●	—	●	—	—
	数量指标	万人拥有综合公园指数、绿地密度					
可达性指标	可达机会指标	绿地服务半径覆盖率	●	○	○	●	—
	可达资源指标	居民 5 min 出行距离可达绿地面积与数量					
公平性指标	总体公平性指标	基于服务单元的绿地面积(或数量)基尼系数和洛伦兹曲线	○	●	○	●	○
	群体公平性指标	不同人群可达公园绿地面积、数量及品质差异度					
需求响应指标	基础指标	居民服务需求指标、绿地服务状态指标	○	●	○	○	●
	综合指标	居民游园率、绿地邻近性满意度、设施使用满意度					

注:●表示核心主体;○表示辅助支持;—表示无。

　　　　　　　　　　　　　　　　　　口袋公园规划设计原理与方法

5.4.3　公平性目标与指标

绿地资源和服务在不同社会群体间分配的不公平性已成为高密度城市或地段的严重问题。由于口袋公园在建成环境下具有良好的适应性,口袋公园增补通常被视为对高密度城市公共资源的一次再分配和再平衡过程。因此,为了对弱势社会群体进行绿地服务救济,在同等条件下,口袋公园应优先增补到弱势社会群体聚集且绿地服务严重不足地段。

绿地服务公平性衡量源于"环境正义"思想的兴起和普及,相关指标主要包含两类:一类是社会总体公平绩效指标,如基尼系数和洛伦兹曲线,描述城市各空间单元居民享受绿地服务的公平状态;另一类则是将人群按年龄、收入、族裔等社会属性细分,比较不同群体可达绿地数量、面积、品质等特征指标,分析绿地在各群体间配置的均衡度。

与规模指标对比,公平性指标虽也衡量绿地规模,但衡量主体已从"地(空间单元)"转变为"人(社会群体)",需求侧细分属性被纳入到衡量体系当中。在口袋公园布局调控实践中,该类指标可用作现状评价中的问题指示和绩效调节指标为规划决策提供指导,如甄别绿地服务中的弱势人群、锁定口袋公园优先增补区域及策略等,同时也可用于布局调控方案的验证,例如对比规划前后公平性指标的提升度。

5.4.4　需求响应目标与指标

口袋公园的布局调控除了对于口袋公园规模和选址进行统筹安排外,还应该通过组群服务分工组织、功能与空间结构建立以及服务模式引导来优化城市绿地在居民日常游憩中的服务品质,以此来提升居民的出行意愿、游憩满意度、社区归属感以及邻里共睦程度。要实现该目标,则需要在口袋公园布局调控时对居民游憩需求特征展开精细化调研和精准化响应。

需求响应指标主要通过公民满意度评测来衡量,例如2016版《国家园林城市系列标准》中提出的"城市公众对城市园林绿化的满意率"。由于不同人群对于绿地服务需求有显著差异,为更直观表现各类人群服务需求的被满足程度,口袋公园需求响应指标的设定应更加精细化。与公平性指标不同的是,需求响应指标虽也以需求侧为衡量主体,但其应用是以承认不同人群需求的差异性为前提的。

从构成上看,需求响应指标主要由两类指标构成,一类为基础指标,反映绿地服务供需侧细分状态,包含需求侧各类人群服务需求指标(如不同人群所需公园绿地面积、最佳出行距离、设施类型与密度等),以及供给侧绿地服务状态指标(如不同人群平均出行距离、设施使用率等);另一类为综合指标,即需求响应度,主要描述供需关系,如居民游园率、设施使用满意度、设施类型和密度需求响应度等。在口袋公园布局调控过程中,需求响应指标能反映不同地段、不同人群绿地服务需求的被响应程度,从而为口袋公园布局精准调控提供依据,同时也可作为方案评估和实施过程中的评价和对比指标。

5.5　供需侧适配分析

5.5.1　需求侧因素分析

口袋公园提供的服务主要是为响应周边居民的日常游憩需求,因此需求侧分析主要是对城市居民的分布、密度和构成展开分析。由于口袋公园布局调控地段通常都是在大规模建设或更新基本完成的城市建成区,因此规划区域人口规模在短期内很少会出现较大波动。在此条件下,对于需求侧各方面属性的信息梳理和分析可以基本依托现状各类数据来展开。与传统城市绿地规划中的需求侧分析相比,为了让口袋公园对于居民需求进行精准响应,需要对需求侧要素的空间粒度和社会粒度进行更为精细化分解、分析和针对性安排。

(1) 空间粒度细化

传统的城市绿地规划通常以城市或分区为布局调控单元进行统筹安排和指标平衡,但在口袋公园规划中需要建立起以口袋公园组群服务范围为基本单元(即"口袋公园组群服务单元")的调控体系,其对于调控单元的空间粒度精细化程度有着更高要求。按照第4章对于口袋公园组群服务单元空间范围的各方面特征研究,在规划实践中通常可依据社区管理范围和城市干路两类因素为基准边界(基本相当于10分钟生活圈居住区)完成组群调控单元(即服务单元)划定。

在高密度地段,两种划定方法生成的调控单元面积基本等同,甚至大部分单元边界也基本重合。由于两种边界划定方法各有优缺点,在规划实践过程中,也可以一种划定方法为主来初步划定调控单元,并以另一种方法作为修正、优化和检验调控单元划定合理性的辅助工具。

（2）社会粒度细化

社会粒度细化需要对调控单元内部居民群体的社会属性展开细分。依托目前国内外的细分方法和研究结果，不同年龄、性别、收入、职业、信仰、族群等社会属性的差异均有可能影响群体对于绿地的需求强度和使用模式。对于年龄和性别的细分可以根据街道或社区人口统计数据来完成；收入水平信息可以通过目标地段的房价水平进行推导，也可通过抽样调查来获取；职业、信仰、族群等方面信息和结构则需要通过抽样调查来进行搜集。

社会粒度细化的目标是为了明确各个社会细分群体游憩需求强度和游憩需求类型的特征。其中，明确不同社会群体游憩需求强度的差异特征能为口袋公园增补规模及优先增补位置提供依据。例如，通过抽样问卷甄别不同年龄段群体每周期望的出行时长，以此来测算各个年龄群体的游憩需求强度系数，将其与人口细分统计数据结合即可推导出各个社区或具体地段的游憩需求强度水平。同理，通过其他社会属性划分的群体也可用类似的方式对不同标准细分群体的需求强度系数展开推导。当需要对居民多个社会属性展开复合分析时，则可对群体各个社会属性需求强度特征进行量化整合。例如，将年龄属性需求系数与职业属性需求系数进行加权叠加就能获得目标地段居民年龄和职业两类社会属性叠加产生的需求强度特征，从而对该地段居民需求强度进行多维度的细化和修正。

对于不同社会群体游憩需求类型的梳理一般通过场景分析或抽样调查来进行。其中，针对性别、族群、年龄等易于辨识的群体属性所带来的需求差异，可通过观察法对已建成绿地中的群体使用状态展开分析，例如瑞秋·丹福德（Rachel Danford）等人在美国波士顿采用现场观察法对口袋公园内不同性别、肤色、年龄段属性的人群使用模式展开分析并发现了群体间使用模式的差异性，包括白人更倾向于访问那些专门设计并配有正规游憩设施的口袋公园，而少数族裔对这方面的敏感性则较低；我们在南京通过无人机和地面拍摄相结合的调查方式发现，老年人和中年人在广场舞操和棋牌活动人群占比远高于青年和儿童，在骑车、跑步和球类活动人群中青年和儿童占比则明显占优。而通过问卷、访谈等形式的抽样调查则能对特定人群在绿地中的使用习惯和倾向进行更加全面和深入的了解，例如埃马尔·侯赛因扎德（Emal Hussainzad）通过问卷调查对阿富汗喀布尔市女性在绿地中的使用倾向展开研究，同时还发现女性群体的教育程度、婚姻状况、雇佣状态等属性差异均会对其绿地使用倾向造成影响。对于不同社会群体游憩需求类型的明确将能为口袋公园的服务定位和空间组织以及口袋公园组群服务分工和服务结构建立提供重要依据。

5.5.2 供给侧因素分析

（1）发展环境中的积极因素衡量

根据第3章的相关内容，发展环境中的积极因素主要分为游憩相关设施、慢行交通设施以及部分类型公共建筑三种类型。首先，游憩相关设施主要有公厕、餐饮及零售三种类型，对于游憩相关设施的衡量应包含邻近度衡量和密度衡量两个方面。周边环境中游憩相关设施类型越齐全、邻近度和密度越高的地段发展口袋公园的适宜性越高。其次，积极因素中慢行交通设施主要包含慢行道和自行车停放点两个部分。与游憩相关设施相似，周边慢行交通设施距离越近、密度越高的地段越适宜发展口袋公园。此外，口袋公园也能从邻近商业、办公、文化等类型公共建筑获得发展支持，而获取的支持力度通常与此类建筑的容量和开发强度直接关联。

随着大数据技术应用的越发成熟和普及，在规划中除了依托政府部门提供的各类相关数据外，上述大部分要素的位置和类型信息均可通过地图平台（如百度地图、高德地图、腾讯地图等）开放性应用程序接口（Application Programming Interface，API）进行提取和梳理。例如，陈义勇在研究深圳市居民访问公园绿地的影响因素时，就依托百度地图 API 提取并整理了 11 类设施兴趣点（Point of Interest，POI）数据进行分析。而一旦明确了上述要素的位置和类型信息，则可应用核密度分析、邻近度分析等方法对各类要素为口袋公园发展提供的支持效应展开定量分析和空间投射。

（2）发展环境中的消极因素衡量

对于口袋公园布局而言，发展环境中最显著的消极因素就是大体量绿地及其对口袋公园服务产生的竞争或抑制效应。此类竞争效应强弱通常由相关公园对同一地段居民的游憩吸引力决定。如排除公园内部差异，依据可达性基本原理，决定该吸引力的关键是绿地的面积和距离，即对象绿地面积越大、与对象绿地越近的地段竞争效应越强烈。此外，建成环境中的危险设施（如配电站、高压线）以及具有较大噪音或气味的干扰性设施（如垃圾转运站）也会对邻近口袋公园的服务产生负面影响。

目前在众多分析工具中，引力模型能对由于要素面积和周边距离变化所产生的效应变化关系进行综合反映，较适合模拟和衡量现状绿地对周边口袋公园发展的抑制效应。而其他消极因素的衡量则与积极因素相似,可通过城市现状资料或地图 POI 数据来进行提取和分析。

积极因素和消极因素的整合分析可对口袋公园发展环境的适宜性展开综合评价,并为后续供需适配分析奠定基础。

5.5.3 供需条件适配分析

根据公共资源供需理论,供给条件与需求条件均处于较佳水平且相互接近时,两者适配度较高。通过量化途径进行描述即为地段的供需侧评测总值越高且差值越低表明两者适配度越高,反之则适配度越低。在适配度较高地段选址布局口袋公园则能在高效响应居民游憩服务需求的同时,较大程度获得周边环境因素的支持,这将为建成后口袋公园服务绩效提供有力保障,同时也为口袋公园最大程度借力周边环境,节约建设实施成本创造良好条件。

5.6 发展用地甄别

通过供需条件适配分析能够对规划范围内供需条件适配度较高区域进行提取,并作为口袋公园优先增补地段。但在供需侧条件适配分析基础上,要落实口袋公园布局选址,仍有其他因素需要考虑,其中就包含发展用地的获取机会及建设实施条件分析。

5.6.1 用地获取机会分析

口袋公园增补主要在建成环境下展开,为保障增补可行性及管控综合成本,口袋公园增补应避免大规模拆建。因此,应首先基于现状供需适配度较高的开放空间来探讨口袋公园增补可行性。其中,现状利用率较低的滨河空间、街旁空间、闲置废弃地、建筑出入口场地、建筑间隙等类型开放空间可作为口袋公园增补的优先选择(图 5-2)。如果现状公共空间无法满足口袋公园增补要求,公共设施或特定机构(如商场、办公楼、高校、中小学校等)内部具有半公共属性附属绿地,也可成为开放型或分时开放型口袋公园发展的潜力空间(图 5-3、图 5-4)。

如上述两种途径获取的用地仍不能满足口袋公园发展需求,将小区内部绿地或庭园向公众开放也可作为选项之一。例如,美国西雅图在 1970 年代就制订了名为"P-Patch"的社区园艺计划,将社区花园向公众开放,并作为疗愈花园、教育花园以及聚会和参观的场所(图5-5)。在实际操作中,封闭小区内部绿地的开放使用需要改变小区的管理模式,牵涉到与业主、物业管理部门等多方协调,且需要专门机构进行运营管理和资金投入。例如,2010年西雅图市拨付给68个社区共享花园的年财政预算为68万美元(约合470万元人民币),并成立了一个专门机构负责其管理和运营工作。同时,在绿地使用过程中出现的本地居民与外来者间的矛盾通常也需要建立专门的协调机制,总体实施难度较前两种方式要大很多。

此外,近期有搬迁或改造计划的设施或建筑所在场地也可作为口袋公园发展的备选场地。但是该用地获取过程将更为复杂,搬迁和改造过程中的实施成本通常也较其他方式要高出很多,且用地最终能否成功获取还存在较高不确定性。

根据实施可行性及操作难易程度,可将口袋公园布局发展用地选择优先排序为四个级别,优先选取现状开放空间发展口袋公园,其次是公共机构内部附属绿地,再次是小区内部附属绿地,最后是将其他类型用地转换为口袋公园(表5-3)。

图5-2　现状利用率较低的空间

(a) 街旁空间　　　　　　　　　　　　　(b) 滨河空间

图5-3　[西安]高新逸翠园中学操场(左)
图源:央广网

图5-4　[美国]布兰奇福特中学体育场(右)

图源:https://www.ssala.com/portfolio/branciforte-middle-school-sports-field-renovation

口袋公园规划设计原理与方法

表5-3 口袋公园发展用地选择优先级

发展优先级	用地来源	来源空间形式	发展策略
一级	现状开放空间	滨水空间、街旁或街心空间、户外停车空间、闲置空地或废弃地、建筑出入口场地、建筑间隙场地等	破硬复绿、改绿增园、见缝插绿
二级	办公、学校等公共机构内部附属绿地	操场、球场、院落、内部广场等	分时管理、空间共享
三级	小区内部附属绿地	中心绿地、社区花园、庭园等	小区开放、空间共享
四级	其他类型用地转换	待搬迁设施或建筑的用地	搬迁建绿

5.6.2 建设实施条件分析

除了用地实施可行性外，口袋公园自身的功能服务特征使其对用地空间容量、形态、地形等均有着特定要求，因此口袋公园布局选址还应考虑备选用地是否适宜作为口袋公园来建设实施并顺利保障建成后其功能服务的正常运行，例如，我国2019版《城市绿地规划标准》(GB/T 51346—2019)规定游园面积不小于1 000 m²；香港2011版《私人发展公众游憩空间设计及管理指引》中则对公众绿化空间面积、长宽比、临街宽度、绿地面积等方面提出了诸多要求。

图5-5 [美国]格林伍德 P-Patch 实景图

图源：https://www.pccmarkets.com/sound-consumer/2020-05/planting-a-legacy-seattles-p-patch-gardens/

根据第 2 章和第 3 章的分析梳理结果,可将现状场地条件中各类因素的积极特征、中性特征、消极特征及其对口袋公园服务的影响领域进行梳理(表 5-4),为布局选址提供参照。

表 5-4　现状场地条件对口袋公园选址的影响

现状场地因素	积极特征	中性特征	消极特征	影响领域
面积	>4 000 m²	400～4 000 m²	<400 m²	容量、活动组织、游憩体验
周长临街比率	>75%	25%～75%	<25%	开放性、游憩体验
形态长宽比	1∶1～3∶1	3∶1～5∶1	>5∶1	活动组织、游憩体验
地形平整度	>80%	40%～80%	<40%	空间利用便捷性、建设成本
总体坡度	<8%	8%～20%	>20%	空间利用便捷性、建设成本、空间体验、活动组织
朝向	南向	东向、西向	北向	自然采光、游憩体验
绿化覆盖率	>65%	10%～65%	<10%	建设成本、游憩体验
其他附着物	能直接或改造利用的设施、建筑、构筑物	无法利用但能拆除的设施、建筑、构筑物	不能移除的高危险、高噪声或重气味设施	建设成本、使用安全性、游憩体验

5.7　口袋公园选址与组群建构

供需适配条件分析和发展用地甄别能为口袋公园选址布局提取出适宜发展的区域和备选用地。而在适宜发展区域和备选用地中进行口袋公园布局选址决策,并不仅仅是口袋公园单体增补的问题,而应该放在整个服务单元(调控单元)口袋公园组群建构的维度来进行综合平衡和统筹安排。因此,任何单体口袋公园选址应以促进服务单元内口袋公园组群的服务协同为基本前提。值得注意的是,服务协同虽是组群内部口袋公园之间的相互协调合作,但由于口袋公园组群是一个开放性系统,其服务对象及外部环境均对协同关系建立起到关键作用。因此,口袋公园选址及组群建构并非仅仅是对于组群内部要素的安排,还涉及其与服务需求、环境要素的关系梳理。

5.7.1 与服务需求适应

（1）与需求分布适配

由于口袋公园采取"就近服务"主导模式，其与服务需求（即居民分布）在空间上的相对位置将对其服务绩效产生直接影响。同样，对于口袋公园组群而言，能否根据服务单元内部需求分布特征来进行针对性布局将直接关系到口袋公园组群对于服务需求的分摊协作模式及响应效率。

在对需求分布的响应过程中，也应遵循口袋公园就近服务、就近疏解的功能特征属性。针对服务单元内服务需求相对集中的情况，适合优先选择该地段周边备选发展用地增补口袋公园，形成环形或放射形口袋公园组群来对集中需求进行分摊疏解；如果服务需求分布较为分散且相互距离较远，将口袋公园分散就近布置在各需求点周边将更有利于提升对于服务需求的响应效率，口袋公园组群较适宜采用放射或网络结构；而如果服务需求分布呈明显的线性特征，采用线形结构来组织口袋公园组群则与需求分布特征更为契合（图5-6）。

（2）与需求强度适配

由于居民在服务单元内部各地段并非等规模、等密度分布，而人口规模和密度的不均匀分布也会导致各地段需求强度的显著差异，这就对各地段周边口袋公园的需求响应能力提出了差异化要求。因此，口袋公园组群在空间布局时除了要根据需求分布建立适宜的空间结构外，还需根据各个地段需求强度差异对应配置合理的口袋公园规模和容量，建立起合理的服务结构。

口袋公园服务结构建立主要以服务需求强度（居民密度、社群结构等因素决定）分布特征为导向。对于内部各地段服务需求强度差异较大的服务单元，应在口袋公园组群规模和容量分配时向密度较高地段倾斜，通常适合建立起单中心或多中心服务结构；对于内部各地段服务需求强度差异较小的服务单元，在口袋公园组群规模和容量分配时则可采取相对均衡的模式，建立起无中心服务结构（图5-7）。

在服务结构建立过程中，如受制于空间现实条件无法保障口袋公园面积时，适当增加集中开放性活动场地占比也能有效拓展口袋公园服务容量，缓解供需矛盾，同时也可考虑在周边设置多个口袋公园对集中需求进行多点或多级疏解。

（3）与需求类型适配

各个地段居民社群结构的差异将导致服务需求类型和绿地使用模式的较大

差异。例如,以老年人为主的地段对周边口袋公园内部的集中型群体活动场地和棋牌活动设施需求更加强烈,同时出于日常健步的需要对口袋公园组群内部的慢行环线系统建立有着更强需求;而在青年和儿童人群为主的地段对周边地段的儿童游乐设施及日常运动设施的需求将更加强烈。

因此,在口袋公园组群建构时,空间安排和设施配置与需求类型匹配度高的口袋公园有更大机会得到高效利用。但是,要实现组群服务协同,并非要盲目追求组群各个口袋公园空间及设施安排上的多样性和水平分工差异性,而应在充分了解需求类型及构成特征的基础上建立定制化的统筹方案。例如,在老年人占比较高服务单元内,仅通过口袋公园之间的水平向分工(如将口袋公园按不同人群类型进行主导服务职能分配)可能导致占主体的老年人游憩需求无法得到充分响应。在这种情况,改变组群水平分工模式,建立层次更丰富、包容性和共享性更强的复合分工体系,将更能有助于激发组群的服务效率。例如,通过调查研究摸清各个年龄群体出行时间和需求规律,以口袋公园组群为整体服务体系制定以老年群体为主、其他群体共享的分时服务体系及其对应的设施体系和空间共享策略。这样既能把每个口袋公园均有效纳入到为各个群体的服务当中,也能增加绿地自身服务弹性及其对各社群活动的包容性,还能强化各口袋公园在服务过程中的联动性及组群整体服务绩效(图 5-8)。

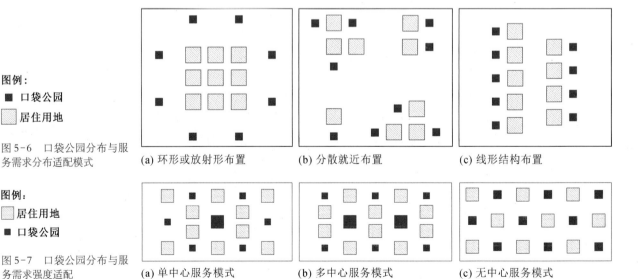

图例:

■ 口袋公园

▨ 居住用地

图 5-6　口袋公园分布与服务需求分布适配模式

(a) 环形或放射形布置　　(b) 分散就近布置　　(c) 线形结构布置

图例:

▨ 居住用地

■ 口袋公园

图 5-7　口袋公园分布与服务需求强度适配

(a) 单中心服务模式　　(b) 多中心服务模式　　(c) 无中心服务模式

5.7.2 与外部环境要素整合

(1) 既有游憩相关设施整合

建成环境下邻近的游憩相关设施能为口袋公园的服务内容完善及服务品质提升提供有力支持。在口袋公园组群建构过程中,如果能与建成环境下的游憩相关设施进行关联布局,将有助于提升组群内口袋公园服务绩效,节约口袋公园建设成本,起到事半功倍的效果。周边游憩相关设施的分布和聚集也是供需条件适配的重要条件之一,但在大多数情况下各地段既有游憩相关设施的类型分布并不

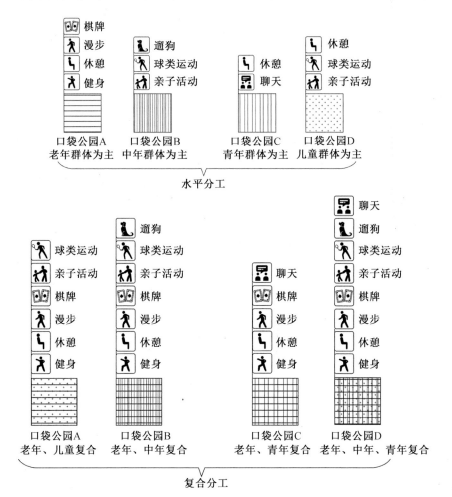

图 5-8　基于群体需求类型响应的水平和复合分工模式

均衡,因而在口袋公园规划时应结合组群服务体系的综合需要,对各个口袋公园选址地段及其周边所需整合的游憩相关设施进行统筹安排。例如,定位为以老年人或儿童为主要服务群体的口袋公园应优先选址在周边有公共厕所的地段;定位为以中、青年人为主要服务群体的口袋公园可优先选址在邻近地段有咖啡店或饭店的地段;以群体活动为主的综合服务型口袋公园则可选址在商业、零售等设施较集中的地段(图5-9)。

(a) 老年人为主要服务群体的口袋公园——[南京]洪武路小火瓦巷东北口袋公园

(b) 中、青年人为主要服务群体的口袋公园——[美国]国会街口袋公园

图 5-9 口袋公园分布游憩设施整合
(b) 图源:http://colab.pho-to/congress-ave-pocket-parks

(c) 综合服务型口袋公园——[南京]中山东路太平北路西北绿地

口袋公园规划设计原理与方法

另一方面,特定类型游憩相关设施的分布或聚集,实际上可以为邻近口袋公园功能定位及空间安排提供重要决策依据。例如,在靠近学校出入口的口袋公园可设置集中的休闲停留空间,为接送小孩的家长提供服务;靠近商场等公共设施地段口袋公园可专门设置集中的群体活动(如展示表演)场地。与邻近地段游憩相关设施进行一体化功能定位和空间安排将有助于口袋公园与周边环境的深度融合及功能互动,同时不同地段既有设施的类型及分布差异也为口袋公园组群内部特色空间及多样化服务塑造提供了良好条件。

(2) 既有慢行网络衔接

既有的慢行网络除了是组群内部各个口袋公园之间重要的连接通道外,也是口袋公园使用者导入的重要渠道。因此,服务单元自身空间肌理及慢行网络结构将对口袋公园选址和组群结构建立产生关键影响。例如,开放性程度及慢行道密度较高的服务单元能作为建立口袋公园组群网络型空间结构的重要依托;而内部空间较封闭、慢行道密度较低的服务单元则通常适合采用线形或放射空间结构。此外,在口袋公园组群与慢行网络衔接过程中,如能结合居民日常出行习惯路线及慢行网络交通流量进行针对性选址及规模分配,例如优先结合居民使用频繁、日常交通量较大的慢行线路进行布局,将有利于口袋公园间的功能协同和游客流动。

(3) 与其他类型游憩空间互适

建成环境下既有的其他类型公园绿地、广场等户外游憩空间与口袋公园之间存在着较复杂的相互作用。因而当服务单元内部存在综合公园、大型广场等较大体量户外游憩空间时,为避免口袋公园服务受到周边游憩空间的竞争或抑制,口袋公园选址应尽量避免设置在此类空间邻近地段。另一方面,作为高密度地段常规绿地游憩服务的有效补充,口袋公园选址时也应从更积极的角度在功能和空间上与既有大体量游憩空间进行整合,共同组建有机高效的户外游憩服务体系。例如,在具有综合公园、大型广场等类型户外游憩空间的服务单元内,口袋公园选址及组群建构时既应尽量与其他大体量户外游憩空间在服务定位和设施配置上保持差异化,同时也应理顺口袋公园与其他户外游憩空间相互关系,并与之一体纳入到户外游憩服务体系,例如可将口袋公园组群定位为大体量游憩空间的次级服务节点,与其共同建立起多层次的游憩服务网络(图5-10)。

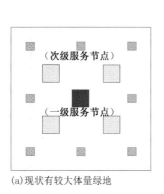

（次级服务节点）

（一级服务节点）

(a)现状有较大体量绿地

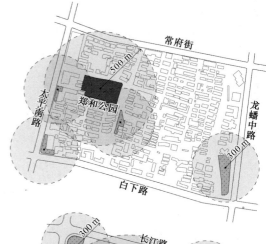

（次级服务节点）

（一级服务节点）

(b)现状有集中室内游憩空间

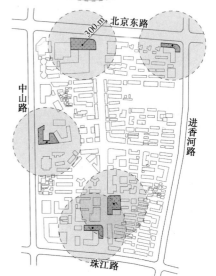

图例：

 口袋公园

 大体量绿地

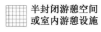 居住用地

半封闭游憩空间
或室内游憩设施

(c)现状无大体量绿地

图 5-10　口袋公园与其
他游憩空间互适

口袋公园规划设计原理与方法

除了大体量游憩空间外,半封闭型游憩空间(如封闭小区内部中心绿地或组团绿地)以及室内大型集中公共游憩空间(如健身中心、体育馆等)也会对该地段口袋公园游憩服务产生一定替代性,进而影响口袋公园服务绩效。我们对南京中心城区口袋公园组群服务单元样本的研究发现,服务单元整体绿地率与口袋公园组群服务效率具有显著的负相关作用;彼得·哈尼克(Peter Harnik)在美国城市中则发现健身房等室内游憩设施将对公园的使用产生竞争效应。因此,为在口袋公园选址时充分保障其建成后的服务绩效,除应避免与其他大体量公园绿地之间的竞争效应外,还应深入分析街区内部其他类型绿色空间保有量以及室内大型公共游憩空间的功能和服务模式,争取与之实现错位发展和互补协作(图5-11)。

5.7.3　组群内部要素协调

（1）服务分工统筹

　　口袋公园组群服务分工统筹分为整体服务分工模式建立和单体功能设定两

(a) 全民健身中心及入口场地

(b) 南京市总工会大楼西口袋公园

(c) 江宁织造博物馆西南口袋公园

(d) 江宁织造博物馆东南口袋公园

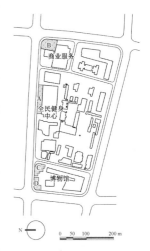

图5-11　[南京]长江路洪武北路东南街区全民健身中心及周边的口袋公园

个层次。组群整体服务分工模式建立应以服务对象社群结构与空间分布特征为主要依据,同时还应与服务单元内发展空间的现实条件进行结合。其中,不同社会群体混合度较高服务单元,如具备充裕的发展空间,可优先选取垂直或水平分工模式,但如发展空间较紧张,则较适合选取复合分工模式;在社会群体混合度较低或在不同地段聚集的服务单元,一般较适合选取水平或复合分工模式。

而在单体层面,口袋公园主导服务职能应优先响应邻近社群的服务需求,并保持与服务分工体系总体设定的一致性。但由于口袋公园组群服务状态和需求一直处于动态变化之中,还可能出现无法预测的不确定因素,例如在高峰时段以老年人为主要服务群体的口袋公园在非高峰时段也需应对各类不同群体(如路人、儿童等)使用需求,这就需要在口袋公园服务分工时,在刚性设定和弹性设定之间进行妥善平衡。

其中,刚性设定能凸出口袋公园自身服务特征及其与其他口袋公园的差异性,是口袋公园个性的体现,也是各个口袋公园提供多样服务、展开功能互补的重要特质。但在定位上如过度求异则有可能导致在空间安排过程中服务弹性的丧失,并最终限制口袋公园的服务潜力和绩效。而如果组群内各口袋公园能保有一定程度的分工弹性,将有利于结合动态化服务需求和不确定因素进行自适应调节,从而让口袋公园组群在服务协同过程中实现动态平衡。

(2) 服务序列营造

口袋公园组群服务序列建立首先要求多个口袋公园能被连续慢行线路串联,形成连续的游憩服务体验,其次则要求口袋公园之间的服务既有一定差异性也有一定关联性。因此,在口袋公园选址和组群建构过程中除了要沿连续慢行系统布点外,还应有意识地对口袋公园的服务分工和空间体验进行控制(图5-12)。

各个口袋公园服务分工应突出单体绿地在组群中的主体职能,并营造出具有高辨识度的整体形象和空间体验。这种辨识度可以通过特色化的空间组织安排以及植物、铺装、小品等要素来共同塑造。同时,作为同一服务序列,各个口袋公园之间也需要在游憩体验、服务对象、要素特征等方面建立一定关联。例如,以中、老年人为主的口袋公园服务序列,可通过差异化的空间组织和设施安排,让各口袋公园在高峰时段分别承担棋牌活动、单人舞操、多人舞操、宠物休闲等不同游憩服务,为特定使用群体提供多样化选择(图5-13)。同时,还可通过形式统一的慢行道串联口袋公园,并可对各口袋公园内部街具、小品、标识等设施的形式和材料进行统一设计和安排,以突出序列内部绿地之间的呼应和相互关联性,强化序列的连贯性和完整性(图5-14)。

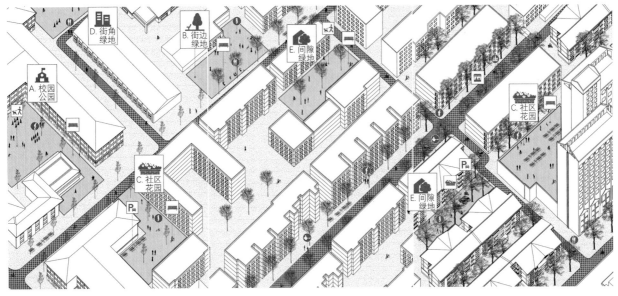

A. 校园公园

B. 街边绿地

C. 社区花园

D. 街角绿地

E. 间隙绿地

图 5-12　[南京]香铺营社区口袋公园组群服务序列和慢行网络营建指引

（3）设施配置互补

虽然口袋公园在服务过程中能够很大程度借力外部环境中游憩相关设施,但并不意味着其能够完全替代口袋公园的内部设施。在条件允许的情况下,口袋公园内部设施的配置能够为使用者带来较高的服务便利,并提升自身服务品质。

由于口袋公园空间受限,在公园单体的游憩服务设施配置过程中很难做到类型完善。在此条件下,要实现组群服务有效协同,可优先结合各口袋公园主体服务分工安排对应类型的支持设施。例如,以服务老年人为主的口袋公园可优先配置厕所、休息座椅和健身设施;以服务儿童为主的口袋公园可优先配置游乐设施;以服务中、青年人群为主的口袋公园应优先配置餐饮等停留休闲类设施。

同时,对各类型游憩设施安排可以在口袋公园组群的整体层面上进行统一协调和平衡,从而既能形成不同特色服务节点,还能建立起"单体有特色、组群无缺漏"的整体游憩设施服务体系。这样的设施配置模式还能促进各个口袋公园间的服务互补性以及使用者的流动性,从而为组群协同效应的强化创造有利条件(图5-15)。

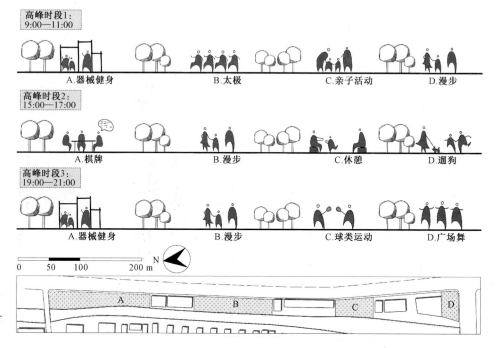

图5-13　口袋公园组群复合化服务序列建构

图 5-14 [南京]长江路沿线各口袋公园慢行道、座椅及铺装的形式呼应

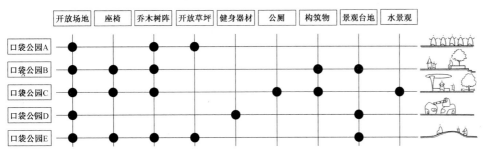

图 5-15 口袋公园组群游憩服务设施统筹安排

5.8　方案验证与实施评价

口袋公园布局调控方案的验证与评价不应仅关注于口袋公园自身的布局调控结果,还需将口袋公园布局调控方案放到城市或调控(服务)单元内的绿地整体服务体系中加以审视。整个审视过程,包含方案验证与实施评价两个方面,其中方案验证又包含城市和单元两个层面的验证。

5.8.1　方案验证

(1) 城市层面验证

在城市总体层面对于口袋公园布局调控方案验证应包含规模、可达性及公平性三个方面。口袋公园布局涉及对"正规绿地"范畴下口袋公园("游园"为主)调控以及"非正规绿地"范畴下口袋公园("附属绿地"为主)调控。但为便于与城市总体规划及城市绿地系统规划统计口径对接,城市总体层面对于规模和可达性验证可主要聚焦于正规的"公园绿地"(仅在统计中纳入"游园")相关指标的改善程度及口袋公园的贡献度。而在公平性指标验证中,由于涉及各个调控(服务)单元内部实际服务绿地面积和数量情况,可以将"非正规绿地"范畴下的口袋公园一并纳入统计,并用"公共游憩绿地"(公园绿地 + "非正规绿地"范畴下的口袋公园)作为统计对象。

在规模指标验证时,可分别选取人均公园绿地数量和面积两类指标,对于口袋公园布局调控后城市游憩空间面积和机会的提升情况进行衡量;在可达性验证中,除了传统可达性评测中依托的绿地服务半径覆盖用地比率指标(如 2016 版《国家园林城市系列标准》中"城市公园绿地服务半径覆盖率")外,还可引入绿地服务半径对居民人口覆盖比率的指标;在公平性验证中,可主要采用基尼系数这一社会总体公平绩效指标,对不同调控(服务)单元内口袋公园布局前后的绿地面积和出行机会分配公平性展开衡量。

(2) 单元层面验证

在调控(服务)单元层面的方案验证更注重绿地服务的实效性,因此衡量对象应包含"非正规绿地"范畴下口袋公园在内的所有公共游憩绿地。验证的指标主要包含规模指标和可达性指标两个项目。其中,对规模指标的验证,同样应包含对绿地数量和面积两个方面指标提升度及口袋公园贡献度的审视,对于可达性验证,包含服务半径对居住用地覆盖比率和居民人口覆盖比率两个方面的整体提升度,以及口袋公园贡献度的审视。城市和单元两个层面方案验证的结果将能充分检视规划目标的落实情况以及方案本身的合理性,并为方案进一步优化改良提供量化依据。

5.8.2 实施评价

方案实施后使用评价的指标可分为客观指标和主观指标两个方面。客观指标主要是对布局调控前后居民访园率的统计和比较来展开,主观指标主要是对居民绿地访问便捷性和绿地服务品质(含绿化、设施及周边环境)满意度来进行评价。两方面指标也可被视为绿地服务对于居民需求响应程度的反映(表5-5)。

表5-5 方案验证与实施评价的指标

验证评价层面	指标项目		指标类型	现状	规划	口袋公园贡献度
方案验证	城市层面	规模	人均公园绿地数量			
			人均公园绿地面积			
		可达性	公园绿地300 m服务半径居住用地覆盖率			
			公园绿地300 m服务半径居民人口覆盖率			
		公平性	人均公共游憩绿地面积基尼系数(调控单元)			
			人均公共游憩绿地个数基尼系数(调控单元)			
	单元层面	规模	人均公共游憩绿地数量			
			人均公共游憩绿地面积			
		可达性	公共游憩绿地300 m服务范围居住用地覆盖率			
			公共游憩绿地300 m服务范围居民人口覆盖率			
实施评价	访园率		工作日高峰时段访园率			
			周末高峰时段访园率			
	满意度		公共绿地邻近性满意度			
			设施满意度			
			绿化满意度			
			周边环境满意度			

方案实施后使用评价结果能够进一步反映布局调控方案的实际效应,并能直接反映方案中所存在的问题。同时,居民对于设施、绿化及周边环境满意度的结果也能为口袋公园内、外部环境的持续改良提供依据。

口袋公园规划设计原理与方法

第6章 发展、规划与实施保障

要在高密度建成区顺利推进口袋公园规划设计和实施,除了采用合理的规划设计方法外,还需要建立完善的发展、规划与实施保障体系,其中主要包含发展政策、调控机制及实施制度三个方面保障内容。

6.1 发展政策保障

政府通过制定针对性的发展政策对口袋公园发展予以有力支持和保障,是口袋公园能够快速发展的基础条件。从政策作用模式来看,可分为直接支持和间接激励两类政策。其中,直接支持政策通常是政府编列财政预算,直接支持口袋公园发展用地获取、建设实施及管理维护;间接激励政策则是政府通过制定开发补偿、开放鼓励等激励政策,鼓励机构或私人团体发展口袋公园。

6.1.1 直接支持政策

政府直接支持政策主要用以支持用地独立的("正规绿地")口袋公园发展用地获取、建设实施及管理维护。由于在建成区增补口袋公园主要依托于存量用地来进行,因而口袋公园发展用地的获取成为规划方案能否顺利落实的先决条件。对于以土地私有制为主的西方城市而言,口袋公园发展和增补涉及土地产权更迭或使用权租赁等问题,其获取途径主要有土地购买、捐赠、置换、无成本租赁等。

以绿地发展用地获取及转换机制较为成熟的美国为例,土地购买仍是绿地发展用地获取的最常用途径,包含最早期的纽约市中央公园、巴尔的摩德鲁伊山公园等均是通过土地购买途径发展起来的公园。在美国城市中,政府购买和收储绿地发展用地大多能获得市民普遍支持。同时,在美国还发展出了诸如"公共土地信托(The Trust for Public Land, TPL)"等以城市公园发展用地保护、购买和收储为己任的非营利组织(图6-1)。此类组织通常在政府不具备收储能力或收储条件尚不成熟的阶段预先展开公园发展用地购买和收储,等到政府具备收储能力或条件成熟时再将已购买土地卖给政府,从而完成对合适发展用地的预留、储备和发展转换。可见,政府的财政支持以及非营利组织的密切配合为美国城市口袋公园的持续稳定发展提供了有力保障。

我国城市土地虽为公有,但土地使用权的转换仍需通过大量的协调工作才能完成,其中主要涉及用地征用、补偿、置换等环节,并同样需要政府公共财政和相关政策的有力支持。例如,北京、上海、南京等城市政府在近年来均制定了专门预算、计划或规划来支持口袋公园(含街心花园、街旁游园等)的发展。但与欧美国

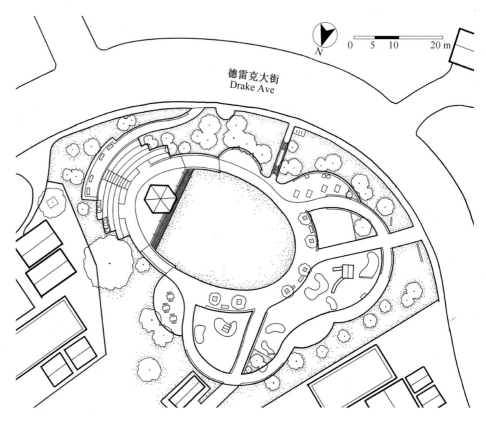

图6-1 公共土地信托——[美国]乔治·洛基·格雷厄姆公园平面图

口袋公园规划设计原理与方法

家相比,我国城市绿地发展用地转换和获取的机制仍不够完善和成熟,尤其缺乏专门的绿地发展用地保护和收储制度来为包含口袋公园在内的城市绿地发展提供长远保障。

同时,政府直接支持尤其是财政投入方面的支持,对口袋公园设计、营建及管理维护也起到重要作用。获得政府关注并在资金投入上有保障的口袋公园通常能获得较高品质的设计、建设和维护,从而有利于增加其游憩吸引力,提升其服务绩效。

6.1.2　间接激励政策

间接激励政策主要用以支持属于附属绿地的("非正规绿地")口袋公园发展,相关政策可分为开发补偿与开放鼓励两种类型。

(1) 开发补偿

开发补偿政策主要是在城市开发或更新过程中,通过建筑面积奖励、容积率补偿等方式鼓励开发商在地块开发建设中预留足够的地面场地用以发展包含口袋公园在内的城市公共空间(表6-1)。开发补偿政策最早出现于1961年美国纽约的《纽约市区划决议案》,其中提出通过建筑面积补偿来激励开发商在地面预留场地来提供广场、绿地等城市公共空间。例如,在曼哈顿高密度地段,开发商每提供1个单位地面临街公共空间就能在高处获取10个单位的建筑面积补偿。该政策在后续纽约更新开发过程中收效甚大,到1970年仅曼哈顿中心地段通过该补偿方式就增加了约4.45公顷公共空间(图6-2)。纽约市的成功也让此类开发补偿政策在旧金山、芝加哥、多伦多、新加坡等城市相继推广。

表6-1　发展政策保障类型与内容

支持类型	途径	内容	适用主体对象	发展口袋公园典型形式
直接支持	预算经费编制	拨付专门的发展经费支持口袋公园发展用地获取、收储、规划设计及建设实施	"正规绿地"范畴下的口袋公园	游园等
	发展用地协调	协调帮助口袋公园获取发展用地,尤其对低效利用或废弃的公共类土地转换上给予支持		
间接支持	开发补偿	通过建筑面积或容积率奖励等方式鼓励开发机构在自身主导项目中为城市预留公共空间	"非正规绿地"范畴下的口袋公园	街旁绿地、街心花园等
	开放鼓励	鼓励机构或私人团体将原本封闭的附属绿地对外开放		分时共享公园

在我国城市中,香港早在 1970 年代就开始学习纽约市区划经验,探索通过建筑面积或容积率奖励来鼓励高密度地段城市公共空间的发展。北京最早在 2001 年颁布的《加快北京商务中心区建设暂行办法》中明确提出实施容积率奖励办法来鼓励商务区增加开放空间,随后上海、杭州、无锡、南京等城市也相继出台类似政策,开发补偿开始在我国各大城市推广,并成为我国城市高密度地段公共空间增长的主要来源之一。

开发补偿政策能为高密度地段口袋公园的增补创造大量的机会。对于口袋公园规划而言,除了需要通过开发补偿政策来创造发展机会外,还需进一步建立补偿公共空间分类管控体系,以明确适宜口袋公园发展的潜力位置和范围,从而为口袋公园面积、形态、设施、植被、空间感知等多个方面精细化调控奠定基础。开发补偿政策在我国仍处于探索阶段,目前大多数城市的关注点仍集中在空间规模的保障和补偿机制完善上,对于增补空间各方面的精细化管控仍有许多工作有待完成。

(2) 开放鼓励

开放鼓励政策主要应用于城市未做大范围更新条件下,依托现状空间格局,通过政府部门协调或制定专门管理措施,将现有封闭或半封闭附属绿地(如单位大院、非独占空间等)向公众开放以实现口袋公园增补。例如,在美国纽约、芝加哥、凤凰城等城市由教育和公园管理部门共同合作在城市中大力发展"校园公园(Schoolyard Park)"项目,即通过分时管理途径将中、小学校园内部操场或院落在课后时段向公众开放使用 (图 6-3);2016 版上海市《15 分钟社区生活圈规划导则(专业版)》提出"鼓励商业、办公、文化设施、学校、居住区等用地的附属绿地广场对外开放,大型文体设施公共空间及大专院校操场、球场等户外公共空间建议对外开放"(图 6-4)。

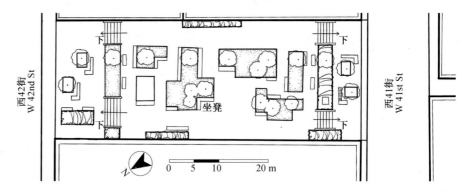

图 6-2 [美国]纽约第六大道 1095 号旁绿地平面图

口袋公园规划设计原理与方法

图 6-3 ［美国］"校园公园"项目——克拉克操场平面图和实景图

实景图图源：https://nicelocal.com/new-york-city/entertainment/clark_playground/

图 6-4 ［上海］三林中学东校开放体育场平面图和实景图

实景图图源：https://www.sohu.com/a/167650881_119707

封闭型附属绿地成功开放和功能运转的关键在于管理协调。其中，开放商业、办公、文化等公共属性较强机构的附属绿地相对容易，在管理和维护上难度也相对较小，而校园内部附属绿地的开放难度则相对较大。但是，由于校园通常邻近社区或位于社区内部，其开放所产生的效果对于居民而言更加显著，使用率也相对更高。根据美国"校园公园"的发展经验，多部门的介入通常会导致维护责任

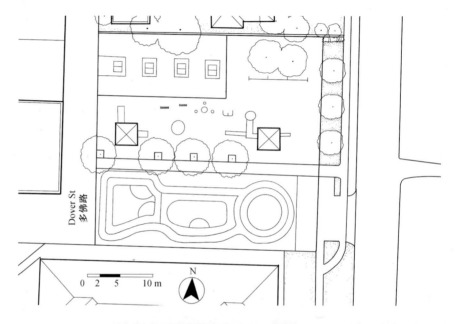

图 6-5 "校园公园"项目——[美国]劳尔·伊扎吉雷成功学校特许校园平面图和实景图

实景图图源：https://kinder-foundation. org/blog/the-end-of-the-school-year-includes-the-dedication-of-five-new-spark-parks/

口袋公园规划设计原理与方法

或管理标准的模糊,也使此类公园管护难度远超普通邻里公园。例如,教育部门通常不愿在校园内采用更严格、开销更大的城市公园维护标准,而周边居民的游憩需求与学生的游乐需求通常也有偏差,这就增加了设施配置和管理难度,并需要通过专门性、精细化的管理协调措施来加以应对。而专业性非营利组织的成立与统筹协调能有效推动此类问题的解决。以美国休斯敦地区为例,1983年专门成立名为"校园公园项目(School Park Program)"的非营利组织有效推动了校园公园广泛发展。该组织主要与学校委员会合作并且制定出一套严格周密的校园公园分时管控和设施配置标准。例如,在该组织协调下发展的校园公园一般要求配置组合型游乐设施、野餐桌、长椅、配有台阶和舞台的户外教室、小庭院、碎石或花岗岩游径以及乡土树木。通过标准化作业流程以及精细化管控模式,到2008年该组织成功发展了203个校园公园(图6-5)。

在我国特有的土地产权制度下,大量的封闭型或半封闭型附属绿地具备开放潜力。但由于我国的相关实践起步较晚,对于附属绿地开放形式和管理模式的实践仍处于探索阶段,而对于附属绿地开放背后的激励制度、利益主体协调机制及操作流程标准化体系等方面实践基本处于空白阶段。在该领域,西方私有土地公共化利用的理论和实践能为我国对应工作的开展和完善提供有益借鉴。

6.2 调控机制保障

6.2.1 控制规定与指标

(1) 一般性控制规定与指标

由主管部门出台控制规定或规划标准能为口袋公园规划发展提供直接保障。在我国早期的城市绿地系统规划中对于公园绿地规划采取的是底限规模指标控制,例如规定规划中公园绿地人均面积底限(表6-2)。但由于缺少对于不同类型或尺度公园绿地的细分控制指标,这也导致许多城市在公园绿地规划发展中经常出现公园绿地类型配置失衡,例如资源过度向大体量公园绿地倾斜而忽视小体量公园绿地发展建设。直到2019年,新颁布的《城市绿地规划标准》(GB/T 51346—2019)开始对公园绿地分级(类)指标进行细分规定,将属于口袋公园范畴的"游园"人均指标定为不小于1平方米,首次从城市总体层面保障了规划中口袋

表6-2　口袋公园发展保障的控制模式、途径及内容

控制模式	途径	控制内容	代表性指标或要求	示例
一般性控制	国家统一规定或标准	规模	游园人均面积底限指标、游园在公园绿地中最低占比	《城市绿地规划标准》(GB/T 51346—2019)
		可达性	小微绿地服务半径指标、可达性规定(如300 m见绿、500 m入园)	《住房城乡建设部关于加强生态修复城市修补工作的指导意见》(2017)
		空间品质	游园设施配置规定、绿化率指标	《公园设计规范》(GB 51192—2016)
		代偿机制	小微绿地对大体量公园绿地的代偿性规定和标准	《城市居住区规划设计标准》(GB 50180—2018)
个性化控制	地方规定、地方标准及规划项目控制	发展机会	临街建筑退让空间利用、非独立占地街区各地块中心退让空间利用	《深圳经济特区公共开放空间系统规划》(2007)
		规模	小型公共空间与其他功能空间面积配比要求、单体最小规模指标	美国旧金山《中心城区规划》(1984)
		设计调控	小微型绿化空间朝向、形态、植被、设施、风貌等方面要求	香港《私人发展公众游憩空间设计及管理指引》(2011)

公园的基本规模。而在社区或服务单元层面,2018版《城市居住区规划设计标准》(GB 50180—2018)在"5分钟生活圈居住区"范畴下也对小尺度公共绿地的单体规模(0.4~1公顷)和人均控制指标(不小于1平方米)做出相应规定。

除了对发展规模进行保障控制外,口袋公园布局合理性的保障则可通过可达性控制要求或指标来完成。例如,我国住建部2017年颁布《住房城乡建设部关于加强生态修复城市修补工作的指导意见》中提出的"300米见绿,500米入园"规划要求以及2016版《国家园林城市标准》中设置的"城市公园绿地服务半径覆盖率"不低于80%的阈值规定。可达性指标一旦作为强制要求纳入规划编制中,既能保障口袋公园的基本规模,也能引导口袋公园展开均衡布局,尤其有助于提升现状绿地资源分配不足地段的绿地服务水平。

(2) 个性化控制规定与指标

在具体规划项目编制层面制定更细化的规划控制措施或指标,可为高密度地段口袋公园发展机会以及规模和位置安排的合理性提供保障。例如,美国旧金山在1985年制定的《中心城区规划》(Downtown Plan)中规定每50平方英尺(4.65平方米)的新办公空间必须有1平方英尺(约0.093平方米)可接近的开放空间用于公共

使用;我国的深圳、杭州、武汉等城市分别在公共空间专项规划或控制性详细规划中要求,在非独立占地的公共空间街区,各个地块(例如总面积大于8 000平方米)应共同退让形成具有一定规模(不小于400平方米)的公共开放空间(图6-6);上海、广州、佛山等城市,则在街道或开敞空间设计导则中提出临街建筑后退空间共享化的控制指标和策略(图6-7)。由于各个城市的密度水平和现实条件存在差异,目前对于公共地段口袋公园发展空间的管控主要在城市或项目层面展开,难以建立全国性的统一标准。

除了上述控制指标外,要实现口袋公园组群的协同服务需求,还有必要从政策或规划层面引入对口袋公园组群关联布局、相互连通、服务序列建构等方面的规定和控制指标。对于该方面内容的控制与引导的精准性和环境适应性要求较高,需要与规划地段的特征进行紧密结合。

6.2.2 绿地跨尺度代偿机制

除了刚性控制规定和指标外,建立具有较大弹性特征的不同尺度绿地代偿机制也有助于提升高密度地段的绿地服务品质,并能在很大程度上促进口袋公园的发展。在高密度地段一味强调绿地服务的等级体系或刚性的管控指标,在很多情况下缺乏现实基础。例如,在许多建设饱和度较高的老城区或历史街区内,要达到标准规定的部分级别公共绿地控制指标(如15分钟生活圈居住区范围内,单体面积不小于5公顷的公园面积要达到人均面积不小于2平方米)可行性较低,这也导致在高密度环境下常规的绿地等级服务体系将难以建构和运作。不同尺度(类型)绿地间日常服务的扁平化特征被不断强化,并呈现出明显的横向分工关联,为不同尺度绿地间的代偿创造了条件。例如,罗伯特·锡安于1960年代在纽约公园协会展览提出的"口袋公园体系"模型实际上就是期望通过一系列小尺度

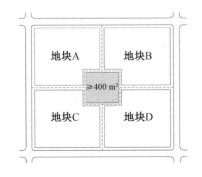
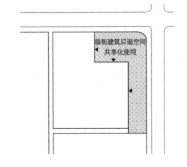

图6-6 地块共同退让形成共享开放空间(左)

图6-7 临街建筑后退形成共享开放空间(右)

绿地形成的有机服务系统来代偿市中心缺位的大体量公园。我国 2018 版《城市居住区规划设计标准》(GB 50180—2018)条目 4.0.5 提出"当旧区改建确实无法满足表 4.0.4(各级居住区公园单体规模)的规定时,可采取多点分布以及立体绿化等方式改善居住环境,但人均公共绿地面积不应低于相应控制指标的 70%",同样也属于应用多个小尺度绿地对于单个大尺度绿地的代偿性规定。

同理,这种规划代偿机制的运作方式也可以是反向的。威廉·怀特曾经发现诸如中央公园一类的大尺度公园实际上可被拆解成一系列小空间,而人群感知中央公园的方式正是遵循着小空间的方式来进行的。可见,在高密度地段,大体量绿地也可被视为是多个小尺度公共空间或口袋公园组合成的集合体,因而具备反向代偿多个小尺度绿地展开日常服务的潜力和能力。需要明确的是,大体量绿地对于小体量绿地的代偿目的并非要限制小体量绿地的发展,而是要引导资源的集约高效利用。同时,如果能将大体量绿地内部的服务空间(节点)序列进行精细化解构、重组和统筹安排,即能引导大体量绿地周边的中、小尺度绿地进行差异化发展,并共同纳入到一个完整的日常游憩服务序列当中,从而避免不同尺度绿地间的竞争或抑制效应(图 6-8)。

但是,由于绿地间的相互作用较为复杂,要在不同尺度绿地间建立起有效和精准的规划代偿机制,仍有大量工作要做。尤其需通过大量基础性研究和探索来揭示不同绿地之间的作用方式以及代偿效应产生机制,从而为规划代偿指标及弹性代偿模式的建立提供客观依据。

图例:

▲　绿地出入口

----　慢行道

　　　大尺度绿地

　　　大尺度绿地的节点

　　　口袋公园

　　　居住用地

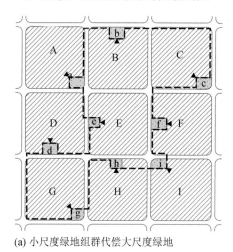

(a) 小尺度绿地组群代偿大尺度绿地

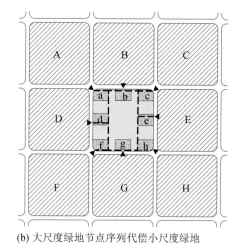

(b) 大尺度绿地节点序列代偿小尺度绿地

图 6-8　不同尺度绿地代偿

口袋公园规划设计原理与方法

6.2.3 "非正规绿地"规划指标与统计机制

我国绿地规划指标的统计和评价均是围绕"正规绿地"展开,而以附属绿地为主体的"非正规绿地"则难以纳入到目前的规划指标中进行调控,并且无法纳入统计指标中加以衡量和平衡。但附属绿地在城市绿地中通常占比过半,且数量众多,而属于附属绿地的口袋公园在居民日常游憩服务过程中发挥着难以替代的作用,这也直接导致规划调控指标指示信息与绿地服务实效之间的严重脱节。

鉴于此,有必要设置能专门衡量公共游憩型附属绿地("非正规绿地")的规划指标,并建立与原先绿地统计指标的整合统计机制,从而将"非正规绿地"范畴下口袋公园这一日常游憩服务的关键要素以及有可能转换为该类绿地的潜力要素纳入到规划决策体系中(表6-3)。例如,旧金山规划与城市研究协会(San Francisco Planning + Urban Research Association, SPUR)建立了详细的私有公共开放空间(Privately Owned Public Open Spaces, POPOS)数据库并作为后续城市公园系统

表6-3 融入"非正规绿地"的城市绿地规划统计表

代码	类型		数量		面积		人均面积		城市建设用地占比	
			现状	规划	现状	规划	现状	规划	现状	规划
G1	公园绿地									
G11		综合公园								
G12		社区公园								
G13		专类公园								
G14		游园								
G2	防护绿地									
G3	广场用地									
XG	附属绿地									
XG-a		已开放型附属绿地								
XG-b		可开放型附属绿地								
XG-c		其他附属绿地								
合计										

注:"正规绿地"范畴下口袋公园数据通过"G14游园"统计指标反映;"非正规绿地"(含"非正规绿地"范畴下口袋公园)数据通过"XG-a已开放型附属绿地"统计指标反映;具有开放潜力的附属绿地(如机关、学校等大院绿地)数据通过"XG-b可开放型附属绿地"统计指标反映。

完善相关规划的重要基础和依据;欧美国家对于"非正规绿地"范畴下口袋公园的服务半径通常也设定为 5 分钟步行距离(300～400 米),以便于统筹调控和统计。

一旦建立起"非正规绿地"的规划指标与统计机制,则能在绿地规划布局过程中有效调动和整合一切潜在可利用资源建立日常游憩服务体系。其结果将能避免绿地重复建设与资源浪费,增强调控指标指示信息与绿地服务实效的一致性。

6.3　实施制度保障

6.3.1　设计引导

政府直接支持和间接激励政策的推行能为口袋公园发展创造大量机会,但在实施过程中要确保口袋公园规划内容有效落实以及公园具备良好品质和游憩吸引力则需依托更为精细化的设计引导和实施保障措施。以美国城市为例,早期的开发补偿政策主要关注于公共空间规模的保障,并且达到了增加城市公共空间的效果。但由于操作主体主要为开发商等私营机构,导致许多公共空间虽然被成功预留并得以建造完成,但其设计内容和空间品质却与人群需求脱节,产生了公共空间大量闲置或低效使用等问题(图 6-9)。为解决该问题,政府开始通过制定更为细化的公共空间设计或建设导则来对开发补偿的开放空间各方面属性进行调控,保障此类空间建成后的服务绩效。

旧金山曾在 1985 年制定的《中心城区规划》中对公共空间类型做出进一步细分,并对每一类空间中的尺寸、材质、座位、植被、水景、日照等要素制定了一套完整导则,只有严格遵守导则的开发项目及其设计方案才能获批;而在克利夫兰、芝加哥和洛杉矶等城市也要求在设计获批前对公共空间自身及其对周边地段活力的增进效果进行说明;香港在 2011 年颁布的《私人发展公众游憩空间设计及管理指引》中则对此类公共空间中的空间考虑、感官因素及环境规划 3 个类型共 14 个要素展开精细化引导。

综合当前世界各国口袋公园的设计引导模式及内容体系,并与口袋公园组群的调控思维进行结合,可以提炼并建立起涵盖口袋公园组群和单体两个层面的设计引导框架。其中,在口袋公园组群层面设计引导包含 5 个类型共 12 个项目(表 6-4),口袋公园单体层面设计引导包含 5 个类型共 19 个项目(表 6-5)。

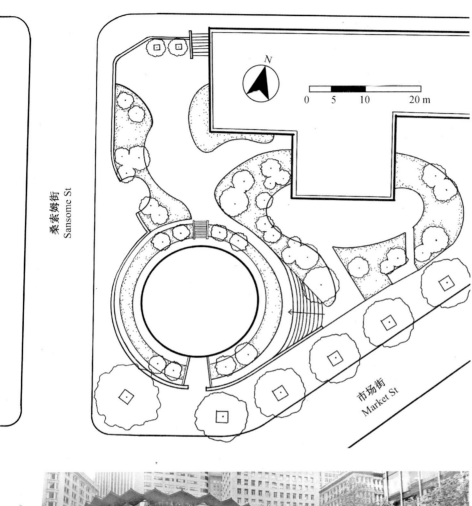

图 6-9 ［美国］低效使用的
采勒贝奇广场平面图和实
景图

实景图图源：谷歌地图街景

除了由政府制定颁布细化的设计引导规定或导则外,在实际规划编制过程中也需要设置具体的接口,以便于下位规划或设计对规划细化要求进行衔接和落实。这对于口袋公园组群服务分工的落实以及整体服务绩效的最大化尤为重要。要实现上述目标,需要建立起以组群服务(调控)单元为核心的设计引导体系,引导内容除了包含各个单体口袋公园自身的尺寸、空间、边界、设施等因素外,还应综合涵盖各个口袋公园的功能定位、高峰容量、服务主体群体、相互连接渠道等方面内容。

6.3.2 公众参与

成功的口袋公园规划建设和服务运营需要精准响应社区公众的特定诉求,而

表6-4 口袋公园组群设计引导要点

类型	项目	设计引导要点
功能	服务结构与分工	组群总体功能定位及服务结构类型(水平、垂直或复合);各口袋公园单体功能定位及服务分工
	服务群体设定	组群服务主要对象群体类型及结构;各口袋公园单体分摊到的主体服务群体类型及结构
空间	空间结构	组群空间结构(单中心、多中心或无中心);各口袋公园单体在空间结构中的定位(中心或一般节点)
	服务容量与面积	组群总体服务容量与面积;各口袋公园单体服务容量与面积
	位置引导	口袋公园单体位置(街角、街侧、穿街、街心);各口袋公园单体朝向(开敞面朝向)
设施	游憩设施	组群配置游憩设施类型、数量与规模容量;各口袋公园单体分配的游憩设施类型、数量及规模容量
	服务设施	组群需配置服务设施类型、数量与规模容量;各口袋公园单体分配的服务设施类型、数量及规模容量
连接	连接线布局	各条连接线位置、走向与空间载体
	连接线形式	各条连接线宽度、断面形式、骑行道与步行道布局
整体风格	整体风格	组群整体特色、识别性与风貌定位
	关联呼应	各口袋公园相互关联的要素应用(如铺装、植被、设施、连接线等所有关联材料及关联设计)
	其他	其他与设计相关的因素

注:游憩设施和服务设施的具体类型可参照《公园设计规范》(GB 51192—2016)"3.5 设施的设置"中的相关类型。

口袋公园规划设计原理与方法

要保障这一响应过程的有效性和精准性,则需要建立起完善的公众参与机制。根据国内外相关实践中公众参与的组织经验及效果,口袋公园规划、设计和实施过程中的公众参与组织工作具有全程性、适应性、培育性及持续性四大特点。

其中,全程性主要指在口袋公园规划与设计实施过程中,为公众的有效介入建立起全流程参与机制。它的具体表现就是搭建起多样有效的渠道让社区公众能在规划设计、建设实施及管理维护等口袋公园发展全过程中发表自身诉求和意见,

表6-5 口袋公园单体设计引导要点

类型	项目	设计引导要点
功能	主体服务定位	服务主要群体类型;适宜主要群体开展的主体游憩活动类型
	兼容服务定位	能兼容的非主要群体类型;可兼容的游憩活动类型
空间	面积	用地面积;内部各类用地(绿地、硬地、设施等用地)比重
	形状	长宽比;形状(规则或不规则)
	边界	边界类型;临街界面位置与形式;总体围合度与开敞度
	集中活动场地(主空间)	集中活动场地面积与占比;集中活动场地地面材质;兼容的游憩活动类型
	竖向地形	场地坡度;竖向变化(场地抬升、下沉或台地化处理)
内部要素	游憩设施	游憩设施类型、数量及位置引导
	服务设施	服务设施类型、数量及位置引导
	绿植	场地保留植物;增补绿植品种、位置、形态、色彩等
外部衔接	入口	入口数量、主次与位置
	外部城市公共空间衔接	周边人行道(慢行道)、公共停车场、公交站点(含地铁出入口)等位置与衔接方式
	外部建筑衔接	立面协调策略;出入口协调策略;缓冲带设置及控制宽度
	外部设施衔接	周边外部设施位置、类型、数量与衔接方式
设计要点	整体风格	总体特色、识别性与风貌定位
	色彩与材质	植物、铺装及设施(含建筑)色彩与材质
	采光与阴影	场地自然采光和阴影的区域及分时段变化
	视线控制	视线焦点位置与形式;内部视线引导;外部视线引导
	其他	其他与设计相关的因素

注:游憩设施和服务设施的具体类型可参照《公园设计规范》(GB 51192—2016)"3.5设施的设置"中的相关类型。

并能投入参与到具体的相关工作当中。例如,美国就将口袋公园发展过程中的公众参与流程和要点划分为五个阶段,贯穿于前期准备、任务明确、意见采集、任务推进、管理维护等阶段,而各个阶段的工作要点则涵盖了公众参与体系框架建构、参与模式设计、信息宣传与事件策划、公众参与协助组织建立、公众教育等多方面工作(表6-6)。

适应性体现在需要结合不同的地段或社区特点来专门设计定制化的公众参与方案。例如,老年人占比较多的社区需要建立针对性的社区外展服务团队或机构,并在实地展开较多的信息宣传、解释说明和沟通协助;而在以中、青年人群为主的社区则可借助网络或邮件等方式来达成信息宣传和沟通目的。而除了信息交互途径建构外,不同地段社群构成的差异还会对公众参与组织人员选拔、事件策划、管护模式等方面造成影响,这也要求公众参与方案进行多维度全方位的适应性设计。

培育性体现在社区公众的参与意愿和成熟程度并非一蹴而就,而需通过持续的培育才能不断优化,最终达到充分参与和有效交流的目标。这一方面需要政府机构对口袋公园的功效和重要性进行充分宣传,并安排专业技术人员或策划相应事件活动对公众展开教育,另一方面也需要建立有效渠道能让公众意见在口袋公园规划设计和建设过程中得以体现和反馈,培育公众的主人翁意识。例如,在公共土地信托(The Trust for Public Land, TPL)负责的纽约市游乐场计划(New York City Playground Program)中,为了充分展现儿童群体自身的诉求,该组织让儿童作为设计师来针对TPL提供的一系列问题和机会展开自主设计。这种参与模式有效调动了儿童参与设计的积极性,同时儿童也在设计过程中锻炼了自身创造能力、沟通能力和团队合作能力,并贡献出很多富有创造力的设计成果;在洛杉矶,非营利组织"洛杉矶邻里土地信托(Los Angeles Neighborhood Land Trust, LANLT)"则通过成立社区志愿者团队进行宣传并提升公众的参与意识。

持续性则主要体现在口袋公园建成后的维护管理阶段。通常的做法是主管机构让渡或与社区公众共享一部分管理权责,例如绿化种植养护、活动组织策划、设施经营维护等。这也需要当地社区建立起具有领导和组织能力的团体来担负起口袋公园长期的日常管护和活动组织责任,确保口袋公园始终处于干净整洁、安全舒适、设施齐备及有效运行的状态。

表6-6　美国城市口袋公园发展过程中的公众参与典型流程和要点

阶段	要点	内容
第一阶段 前期准备	确定基本点	● 社区居民是否想要口袋公园？ ● 是否有合适的地段适合建设公园且公园是否是该地段的最佳土地利用类型？ ● 口袋公园能够产生哪些社会、环境、健康效益？
	确定合作伙伴	● 哪些周边的组织和机构支持口袋公园发展？ ● 哪些周边的社区性机构将可能会日常使用口袋公园？ ● 是否有社区中心或商业区将为建成后的口袋公园提供支持？
	成立社区外展服务团队	● 团队中需要囊括哪些重要的个体或群体？ ● 哪些社区中的个体或群体能够在该团队中担任领导角色？ ● 哪些团队成员能与社区居民在公园营建中实现最佳合作？
第二阶段 任务明确	调查地选址	● 确定公园选址潜在地附近社区公众聚集的地方，如学校、图书馆和礼拜场所，这些都是与社区成员就开发公园进行首次接触交流的好地方
	事件呈现	● 在交通繁忙的社区附近设立摊位或站点，以激发社区居民的兴趣，提供公园开发和推广信息，并收集初步反馈
	社区调查	● 调查可以亲自或在线分发，以获取社区居民对公园项目的反馈，这是吸引大量居民参与会议或活动的好方法
第三阶段 意见采集	例行社区会议	● 在邻近地区易于访问位置（在第二阶段的调查地选址中确定）主持定期安排的公共会议。会议活动可包括建立公园委员会、集思广益筹资活动、规划即将到来的设计专题等
	公众调查回顾	● 从第二阶段社区调查中收集到的信息可总结成讲义或信息图表，并反馈给社区。对这些数据的公开审查支持在公园的共同目标上达成妥协和社区合作
	设计专题讨论会	● 设计专题讨论会是一个协作性的公众会议，在这里可以探索公园设计的不同选项并确定其优先级。这些会议还可以作为社区选择特定公园设施和功能的论坛
第四阶段 任务推进	社区领导者的确立	● 最活跃的社区成员在项目中的工作应得到认可。这些领导者是口袋公园项目的宝贵资源。他们可以负责组织公园活动，是第五阶段组织领导者的理想人选，因为他们已经与社区建立起密切的联系并能从公园的成功上获益
	公园进展报告	● 应该能通过报告、清单或信息图表等方式让社区看到项目的进展。对于项目进展的了解可以帮助社区长期有效参与
第五阶段 管理维护	管护主体确立	● 如果社区参与充分，那么为创建公园做出贡献的公园委员会和社区领导者除了作为公园使用者外，还可继续扮演公园管理员的角色
	管护主体多样性	● 管护团队应反映社区多样性特征，不同背景公园管护人员将提供特别的想法和服务，结合各种艺术、文化和娱乐兴趣，使公园创新性运营，最大程度保持社区对公园运转持续参与 ● 应提供多样化的渠道吸引那些对常规公园管理不感兴趣的人群也能够参与进来
	管护可及性	● 通过在公园内和周围的公共公告板上发布在线时间表，确保社区了解志愿者和参与机会。这可以使来访者和经验丰富的公园管理员随时了解最新情况
	管护赋权	● 提供充足的机会和不同程度的体力活动，以便任何社区成员，无论其体力如何，都有机会参加。年龄、经验水平和体能都不应妨碍个人成为公园管护员或参与公园管护活动

资料来源：The Trust for Public Land，2020。

6.3.3 经费筹措和管理

发展口袋公园的经费主要可分为运营前投入和运营后管护两方面。其中,运营前投入费用按照口袋公园建成前工作流程可分为土地获取、规划设计、建设实施、程序许可等方面开销,按开销类型又可分为硬性成本(建设相关费用)、软性成本(技术咨询及行政相关费用)和不确定费用三类。运营后管护费用则主要包含口袋公园建成开放后维持口袋公园功能正常运行的一切开销,包含公用事业费、景观和设施维护人员工资、补充和更换破损物品费用以及其他一般绿地维护费用。

对于"正规绿地"和"非正规绿地"范畴下的口袋公园而言,口袋公园的开发投资费用来源存在明显差异。用地独立的口袋公园("正规绿地")开发投资经费通常由城市绿化(或公园)主管部门负责筹措,最主要的途径就是通过编列政府预算来筹集资金,经费主要来源于政府税收和发债。例如,美国公园绿地的发展经费主要来源为政府的销售税、房产税及发债所得费用,而非营利组织、慈善机构等也能为口袋公园发展提供经费支持。即便在 2008 年次贷危机期间,西雅图、凤凰城、夏洛特等城市人均绿地发展建设支出仍达到 14 美元以上。由此可见,政府的重视和财政投入是口袋公园能够顺利发展的重要基础。

属于附属绿地的口袋公园("非正规绿地")通常不属于城市绿化主管部门管辖,因此其运营前投入多由用地主体单位、组织或机构承担。但也有部分机构内部的口袋公园属于特例,例如校园公园。因为此类原本封闭面向特定人群服务的口袋公园一旦对公众开放后,需要提升其服务品质和设施配置,从而产生额外投资费用。如果由用地主体来承担相关费用,将会带来额外负担并降低其开放意愿,因而需要从外部寻求经费支持或在绿地管理和运营模式上寻求机会。例如,美国休斯敦地区"校园公园项目(School Park Program)"这一非营利组织主要向慈善机构、企业、政府发展基金或专项委员会募集必要发展资金,并通过标准化作业流程以及精细化管控模式,将每个公园投入成本控制在 7.5 万美元至 10 万美元之间,同时学校自身也可通过烘焙销售、自动售货机、杂物销售及其他途径赚取维持公园日常运行的基本费用。

与运营前投入相比,运营后管护费用的承担主体通常更为清晰明确,一般由口袋公园所在用地的主体来承担,即"正规绿地"范畴下的口袋公园通常由城市绿化主管部门承担,"非正规绿地"范畴下的口袋公园一般由用地主体单位、组织或机构承担。

第 7 章 规划实例
——盐城市中心城区游园体系规划

7.1 规划背景

盐城是长江三角洲中心区 27 城之一,地处我国东部沿海地区、江苏省中部。根据第七次全国人口普查结果(2020 年 11 月),盐城市常住人口约 671 万人。2016 年统计数据显示,盐城市中心城区面积 433 km²,其中建设用地 118.91 km²,人口 109.9 万人,中心城建成区密度约 1 万人/km²,核心区密度超过 3 万人/km²,在我国大、中型城市中具有较强典型性和代表性。

近 20 年来盐城市绿地规划建设取得长足发展,并于 2009 年被评为江苏省级园林城市,于 2014 年被评为国家园林城市,于 2019 年成功创建国家森林城市。城市人均公园绿地面积从 2010 年代初的不足 3 m² 上升至 2018 年的 9.71 m²,规模增幅超 2 倍。在 2018 年批复的《盐城市城市绿地系统规划(2017—2030)》中,依据国家生态园林城市指标要求对城市绿地布局进行了优化统筹,并力争规划期末能达到国家生态园林城市要求。在此过程中,城市园林绿化的发展建设和优化完善得以持续推进。

在"城市双修""精细化治理""公园城市"等发展导向影响下,盐城市近年来除了关注绿地规模增长外,也开始重新审视城市绿地(尤其是公园绿地)的布局合理性及其实际服务绩效。通过检视公园绿地的类型构成及空间分布,可以发现在人口较密集的中心城区存在较明显的公园绿地类型失衡、布局不均、可达性较弱等问题。其中,大体量综合公园面积占比超过一半,但很多分布在建成区外围地段,可达性较弱。而与市民日常生活关联紧密的社区公园和点状游园面积共占比仅 7%,在大部分人口密集地段户外日常游憩空间供需严重失衡(表 7-1、图 7-1)。

表 7-1 盐城市中心城区各类公园绿地现状指标(2018 年)

公园类型		数量/个	占比/%	面积/hm²	占比/%
综合公园(G11)		20	13.51	627.01	55.09
社区公园(G12)		24	16.22	50.95	4.48
专类公园(G13)		13	8.78	115.47	10.15
游园(G14)	带状游园	37	25.00	315.26	27.70
	点状游园	54	36.49	29.44	2.59
	小计	91	61.49	344.70	30.29
合计		148	100.00	1 138.13	100.00

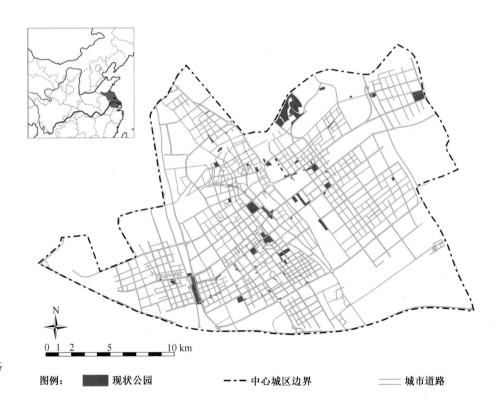

图 7-1 [盐城]中心城区各类公园绿地分布

图例： ▦ 现状公园 　—·—· 中心城区边界 　—— 城市道路

在此背景下,盐城市提出"全域公园化""聚焦人本需求,提升宜居品质""打造公园街道及公园社区"等发展目标,并于 2019 年专门组织编制《盐城市城市公园绿地专项规划(2019—2030)》,旨在通过该规划的编制和实施进一步优化公园绿地的空间布局、服务绩效、配置公平性及合理性。由于中心城区人口密度较高且绿地资源稀缺,因而优化中心城区公园绿地的空间布局和功能服务成为该规划的重点。

但由于中心城区绝大部分地段用地开发已然饱和,要在现状基础上增补占地面积较大的综合公园、专类公园可行性较低。因此,规划将布局调控重点对象锁定在占地面积较小的游园上,旨在通过游园①的增补和组群建构来提升公园绿地服务的实效性,改善居民日常游憩服务体系。由于游园属于"正规绿地"范畴下的口袋公园,本章就以盐城市中心城区游园体系规划为例,并对口袋公园布局调控相关方法和技术来进行讨论。

7.2 调控前期准备与主要策略

7.2.1 规划调控思维及指标转换

规划前期首先需将快速城镇化过程中建立起来的公园体系"建构型"思维转换为城市更新背景下公园体系"调适型"思维。规划思维的转换也要求将基于政府导向的"供给侧主导型"规划调控模式转换为基于居民需求的"需求侧主导型"规划调控模式,这就需要应用精细化手段将居民需求空间分布、不同群体需求差异、现状游园发展条件等因素进行全面深入的分析解读,形成"见微知著"的分析路径。同时,将传统刚性的底限规模控制为主的调控途径拓展为更加灵活务实的规模与绩效相结合的调控途径,建立多维度的规划和评价指标。力争做到以游园为触媒带动整个公园绿地服务品质的提升,并且借助公园绿地布局优化推动城市更新及可持续发展目标的实现,达到"四两拨千斤"的规划效果。

---

① 依据《城市绿地分类标准》(CJJ/T 85—2017),"G14 游园"在规划编制中可分为"点状游园"与"带状游园"。"点状游园"主要作为日常游憩服务节点(或目的地)与本书中"口袋公园"概念一致,而"带状游园"除了能提供一定类型游憩服务外,更多是作为连通型绿地(如绿道沿线绿地),与口袋公园的形态、规模及功能均有较大差异,通常在规划中也不将其视为纯粹的游憩目的地。本书中所提到的"游园"均为"点状游园",即"正规"口袋公园。

7.2.2 日常游憩服务体系架构

鉴于盐城市中心城区人口密度高、用地资源稀缺的现实条件,为缓解中心城区内部用地资源紧张与日常游憩需求集中这一关键矛盾,规划突破传统固化的公园绿地级化定位模式,提出"常规公园(综合公园、社区公园、部分专类公园) + 微公园(点状游园)"的扁平化日常游憩服务体系,最大程度整合城区现有资源,提升不同类型公园绿地布局与服务中的协同性与互补性。根据居民日常出行需求以及《住房城乡建设部关于加强生态修复城市修补工作的指导意见》中"300 米见绿"绿地服务标准,将 300 米作为日常游憩服务体系中绿地的服务半径。

7.2.3 调控空间的单元化分解

为了在规划中做到绿地资源均衡配置并有效兼顾调控精准性,规划对调控区域进行单元化分解。结合口袋公园组群建构的基本要求,我们主要依据现状社区管理边界并结合城市干路布局,将盐城市中心城区分解为 178 个空间单元,平均面积约 66 公顷(图 7-2)。其中,含居住用地单元共 154 个,该部分单元为游园布

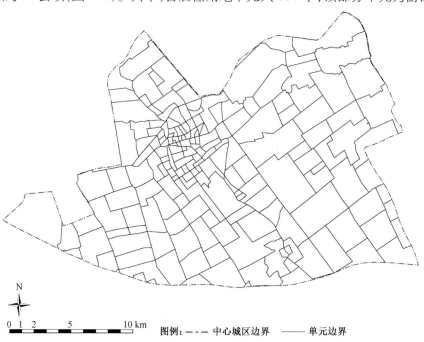

N

0 1 2   5   10 km   图例:— — 中心城区边界   —— 单元边界

图 7-2　[盐城]中心城区
单元化分解

口袋公园规划设计原理与方法

局的基本调控单元。另一方面,通过公安部门及社区居委会的支持协作,我们收集到各个社区的人口规模数据以及四个年龄段人口[含儿童(0~10 岁)、青少年(>10~30 岁)、中年(>30~60 岁)和老年(60 岁以上)]的构成数据,并将相关数据投射到各个调控单元上,作为后续布局分析的基础。

7.2.4 基于供需适配的调控技术框架建立

由于影响口袋公园布局的因素较多且作用方式各异,为了便于对各类影响因素的分析衡量和有效调控,规划基于城市公共资源的供需理论,建立起以供需适配为导向的游园调控技术框架,用以综合统筹游园规划布局的各个相关技术环节。在供需适配框架下,影响游园布局的因素被分为需求侧因素和供给侧因素两类,通过供、需两侧因素的定量和定性分析为游园布局决策提供支持。

7.3 技术路线与执行要点

7.3.1 技术路线建立

根据盐城市的规划现实需求并结合本书中章节 5.2 的布局调控框架建构要点,该项目中建立的基于供需适配的游园布局调控技术框架主要包含调控目标制定、供需侧因素分析、供需条件适配分析、布局方案制定、布局方案验证 5 个技术环节。

7.3.2 调控目标制定

由于游园功能服务并非独立进行,需要放到整个公园绿地的服务体系中来进行综合审视,因此游园布局调控的目标制定也应反映在对于公园绿地总体指标的贡献度上。基于此,我们在公园绿地总体调控目标制定基础上,专门制定了游园贡献度指标来对游园规划成效进行检视。

团队在综合考量盐城市中心城区公园绿地现状规模、分布、主要问题、发展可行性等现状因素基础上,从绿地规模、可达性及公平性三个方面制定了规划调控的定性目标和定量目标体系。其中,定性目标是对公园绿地发展状态的综合描述,定量目标则是针对定性目标的具体落实。在定量目标体系建构过程中,鉴于传统"一刀切"的"规模保障型"调控模式受制于高密度城区紧张用地条件,在很多地段均面临实施困境,因此规划探索应用弹性更大、环境适应性更强的"规模+绩效双轨"的调控途径,并建立起多维度调控指标体系来支持规划调控目标的制定和落实。

国内外口袋公园实践发展经验显示,口袋公园体量小、布局灵活的特点能有效适应高密度地段的复杂环境,大量增加户外游憩机会,并且其"分散布局、就近服务"的特点能大幅改善高密度地段居民出行条件,提升绿地可达性。根据上述特点,在游园布局调控目标确定时,将其主要贡献点(贡献度不低于50%)放在游憩机会增补、分配公平性调节以及可达性优化上,而将绿地面积相关指标的提升作为游园的辅助贡献点(贡献度不低于25%)(表7-2)。

表7-2 游园布局调控定性与定量目标制定

项目	定性目标			定量目标			
	现状描述	总体调控目标	游园贡献	指标	现状	总体调控目标	游园贡献度
规模	面积不足,游憩机会分布不均	大幅增补游憩机会,适度增加游憩空间面积	机会增补贡献为主,面积增补贡献为辅	日常服务公园绿地总面积(单位:hm²)	792	≥1 200	≥25%
				日常服务公园绿地数量(单位:个)	112	≥400	≥50%
可达性	布局失衡,人绿分离,可达性较弱	大幅提升居民日常游憩绿地的可达性,基本让居民实现300 m见绿	主要贡献	公园绿地300 m服务半径覆盖居民人口比率	24.3%	≥85%	≥50%
				公园绿地300 m服务半径覆盖居住用地比率	28.0%	≥85%	≥50%
				公园绿地300 m服务半径覆盖率90%以上社区数量占比	18.1%	≥80%	≥50%
公平性	公园绿地面积和机会分配严重失衡	明显提升游憩机会分配公平性,适度提升面积分配公平性	机会公平贡献为主,面积公平贡献为辅	人均公园绿地面积基尼系数(基于社区单元)	0.90	≤0.8	≥25%
				人均公园绿地个数基尼系数(基于社区单元)	0.80	≤0.6	≥60%

注:与前文对应,"日常服务公园绿地"包含综合公园、社区公园、部分专类公园和游园。

　　　　　　　　　　　　　　　　　　　　口袋公园规划设计原理与方法

7.3.3 供需侧因素分析

(1) 需求侧因素分析

通过调控区域的单元化分解初步完成对调控区域的空间粒度细化,并形成了154个规划调控单元。为进一步细化分析各个调控单元内的需求分布,我们首先综合城市用地现状和规划数据并辅以百度地图上抓取的住宅轮廓与层数数据,计算出调控单元内各个居住用地地块的住宅建筑面积。其次,以各个地块住宅建筑面积在调控单元住宅建筑总面积中的占比为依据,将调控单元的居民人口分配至各个居住用地地块上,从而将需求分析的空间粒度由调控单元层面进一步细化到居住用地地块层面(图7-3)。

而社会粒度的细化则以社会属性为依据对居民群体做进一步细分。受限于数据可及性及相关工作组织的可行性,团队基于统计数据,获得了社区居民年龄结构数据。而相关研究也表明,不同年龄段人群之间的日常游憩需求类型及强度存在显著差异。因此,规划对于需求侧因素社会粒度精细化分解主要以年龄属性为切入点,并依据统计数据特征将居民群体分为儿童(0~10岁)、青少年(>10~30岁)、中年(>30~60岁)和老年(60岁以上)四个年龄段(图7-4)。

N

0 1 2   5   10 km

低 ▨▨▨▨▨▨▨▨▨▨ 高

图7-3 [盐城]中心城区
需求强度

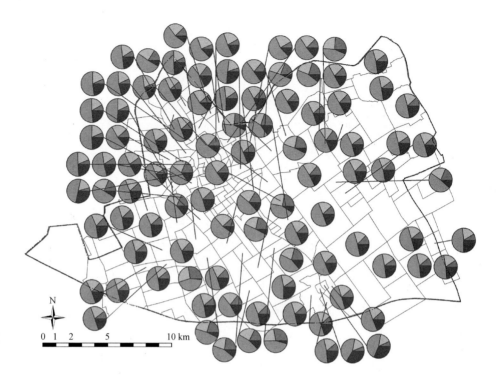

图例：

■ 儿童
（年龄0～10岁）

▨ 青少年
（年龄＞10～30岁）

▨ 中年
（年龄＞30～60岁）

■ 老年
（年龄＞60岁）

图7-4　[盐城]中心城区
各单元居民年龄结构

N

0 1 2　　5　　　　10 km

　　为了甄别不同年龄群体日常需求强度差异，团队通过线上为主、线下为辅的方式对盐城市中心城区不同年龄段人群的游憩需求强度特征进行了问卷调查。其中，线下问卷主要针对线上回收问卷较少的儿童和老年群体展开。鉴于高密度环境下现状游憩资源匮乏会限制人群的实际出行频率和时间，因此问卷通过采集期望公园游憩（访园）频次和单次停留时间来获取周访园总时长，并将其作为细分群体游憩服务需求强度的主要依据。

　　最终共回收问卷532份，通过IP地址识别去除盐城市中心城区以外线上问卷后，共获得有效问卷343份，其中儿童问卷共55份、青年问卷共123份、中年问卷共93份、老年问卷共72份。通过对各类人群期望访园相关数据统计，可以发现老年群体期望的周访园总时间最长，是期望访园总时间最短的青年群体的2.5倍，儿童和中年群体对应指标值分别居于第二和第三位。以人口占比最高的中年群体期望访园总时间作为游憩服务需求强度标准系数（取值1.0），可将各个群体周访园总时长转换为对应的游憩服务需求强度系数（表7-3）。

　　　　　　　　　　　　　　　　　　　　　　　　　　口袋公园规划设计原理与方法

表 7-3　盐城中心城区不同年龄段居民游憩需求特征

居民年龄段	人口占比/%	回收问卷占比/%	期望访园频次/次/周	期望单次访园时间/h	周访园总时长/h	需求强度系数
儿童(0~10岁)	11.48	16.03	3.2	1.00	3.2	1.2
青少年(>10~30岁)	20.24	35.86	3.5	0.75	2.6	1.0
中年(>30~60岁)	49.78	27.11	4.0	0.67	2.7	1.0
老年(>60岁)	18.48	21.00	4.5	1.50	6.8	2.5

综合各居住用地地块人口数据、各年龄群体构成数据及其需求强度系数即可测算出各个居住用地公园服务需求总体强度水平,同时应用缓冲区法将该需求强度在居住用地及其周边 300 m 范围内进行空间投射和叠加,得到中心城区各个地段的需求强度空间分布数据(图 7-5)。通过该分析方法,不同年龄段群体需求强度系数测算能有效将年龄段群体产生的需求强度差异整合到最终的需求强度分析结果当中(表 7-4)。例如,在居住地块人口密度分析中,北部老城中心和南部新城中心均有密度较高地段,但由于北部老城老年群体占比较高,因而在最终需求强度分析结果中,北部老城中心的需求强度聚集度和强度水平要明显高于南部新城中心。

(2) 供给侧因素分析

供给侧因素的定量分析主要围绕发展环境中的积极与消极因素展开,对于用地获取机会方面定性分析则在布局方案制定环节中衡量。综合章节 5.4.2 中对于口袋公园发展环境中积极和消极因素的梳理以及该项目相关数据的可及性条件,团队重点围绕游憩相关设施的支持效应、城市慢行网络的衔接效应以及既有公园绿地的竞争效应展开分析。根据相关因素的作用原理,发展环境中游憩相关设施的支持效应以及慢行交通设施的衔接效应通过核密度模型来分析,而对于既有公园绿地竞争效应则通过引力模型来分析(表 7-5)。

其中,规划对盐城市中心城区游憩相关设施分析主要包含餐饮、零售、公厕及集中自行车停车场四类设施,并通过采集和梳理百度地图 POI 数据来获取该四类设施类型和位置信息。由于 POI 数据中没有专门的集中自行车停车场要素类型,因而通过提取与之分布具有较强空间关联性的公交站点作为替代。城市慢行网络主要依托城市绿道网络和道路交通数据来提取,既有公园绿地则主要基于城市用地数据来提取。

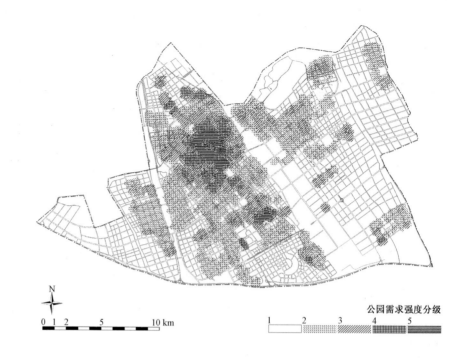

图 7-5 ［盐城］中心城区
各地段需求强度分布

公园需求强度分级

| 1 | 2 | 3 | 4 | 5 |

N

0 1 2　5　　　　　10 km

表 7-4　供需侧因素分析原理及途径

供需侧	因素	原理	分析途径	数据来源
需求侧	人口密度	人口密度越高的地段,需求强度越高	密度统计	社区统计数据、用地数据
	群体需求强度	不同群体期望每周访园总时长的差别,将产生出不同的游憩需求强度	抽样调查	线上和线下问卷调查
供给侧	游憩相关设施支持效应	游憩相关设施密度越高,离游憩相关设施越近地段,对邻近口袋公园服务支持度越大,服务支持效应越强	核密度(点密度)模型	百度地图 POI 数据
	城市慢行交通设施衔接效应	城市慢行网络越密集,离慢行交通设施越邻近地段,越便于口袋公园与城市慢行系统衔接	核密度(线密度)模型	城市绿道网络及道路交通数据
	既有公园绿地竞争效应	将可达性视为游憩吸引力的主要因素,现状公园吸引力将随面积与邻近度增加而加强,竞争效应也随之增强	引力模型	城市用地数据

口袋公园规划设计原理与方法

表 7-5　供需侧因素的计算及制图方式

供需侧	衡量指标	计算模型	公式及制图方式
需求侧	游憩服务需求强度(PDI)	比例系数叠加模型	$$PDI_x = \sum_{i=1}^{n} D_i Co_c \times Rc_i + Co_y \times Ry_i + Co_m \times Rm_i + Co_s \times Rs_i$$ 式中：PDI_x 为点 x 的需求强度，D_i 为地块 i 的人口密度，n 为点 x 周边 300 m 范围内的居住用地数量，Co_c，Co_y，Co_m 和 Co_s 分别为儿童、青年、中年和老年人的需求强度系数，Rc_i，Ry_i，Rm_i 和 Rs_i 分别为地块 i 内儿童、青年、中年和老年人占比
供给侧	邻近公园绿地竞争效应(CE)	引力模型	$$CE_x = \sum_{i=1}^{n} S_i^{\alpha}/d_{ix}^{\beta}$$ 式中：CE_x 为点 x 邻近公园竞争效应，n 为点 x 周边 300 m 范围内的公园数量，S_i 为邻近公园 i 的面积，d_{ix} 为点 x 距离公园 i 的距离，α 为面积系数，β 为距离衰减系数
	邻近服务设施支持效应(IE)	核密度模型	$$IE_x = \frac{1}{nh} \sum_{i=1}^{n} k\left(\frac{x-x_i}{h}\right)$$ 式中：IE_x 为点 x 邻近服务设施支持效应，h 为搜索半径(带宽)，n 为搜索半径内的服务设施数量，$k(.)$ 为核函数(本课题取高斯函数)，$(x-x_i)$ 为设施 i 到点 x 的距离
	邻近慢行网络衔接效应(COE)	核密度模型	$$COE_x = \frac{1}{nh} \sum_{i=1}^{n} k\left(\frac{x-x_i}{h}\right)$$ 式中：COE_x 为点 x 邻近慢行网络衔接效应，h 为搜索半径(带宽)，n 为搜索半径内的慢行线数量，$k(.)$ 为核函数(本课题取高斯函数)，$(x-x_i)$ 为慢行线 i 到点 x 的距离

　　分析结果显示,游憩相关设施支持效应较强区域主要位于中北部老城中心地段,并沿主路向南北延展(图 7-6);慢行网络衔接效应较强区域主要分布于北部、南部地区中心地段,道路及河道等线性开放空间均在该地段汇集(图 7-7);公园绿地竞争效应较强区域则分布于北部和南部城区过渡地段以及中心城区边缘地段(图 7-8)。将三种效应进行标准化处理和叠合即可获得中心城内各个地段游园发展环境的适宜性(即供给侧)状态数据(图 7-9)。

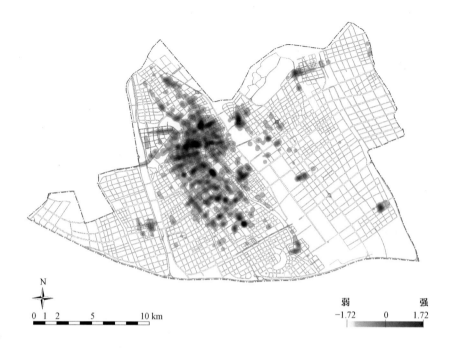

弱　　　　强
-1.72　　0　　1.72

N

0 1 2　　5　　　　10 km

图 7-6　[盐城]中心城区游
憩相关设施支持效应强度
分布

弱　　　　强
-1.96　　0　　1.96

N

0 1 2　　5　　　　10 km

图 7-7　[盐城]中心城区慢
行网络衔接效应强度分布

口袋公园规划设计原理与方法

弱　　　　　　强
-1.58　　0　　1.58

图 7-8　[盐城]中心城区
绿地竞争效应强度分布

N

0 1 2　　5　　10 km

游园发展适宜性
1　　2　　3　　4　　5

图 7-9　[盐城]中心城区游
园发展适宜性分布

N

0 1 2　　5　　10 km

7.3.4 供需条件适配分析

在供需条件适配分析时,由于居民对公园绿地需求具有较强的主观性、现实性和动态性,因而很难确定口袋公园发展供给端与需求端要素适配的绝对标准。为此,该项目采取相对适配度衡量法,即对供需侧条件评测值域进行标准化和等级化,提取供需侧标准化结果中均处于相对高值空间作为供需条件高适配地段作为游园布局选址的优先备选区域。游憩服务需求强度及游园发展环境适宜性评测结果一共被划分为高、较高、中、较低及低五个级别,由高到低对应 5 个分值。

在此基础上,将各个地段两者分值进行叠加整合,得到供需侧评测分值的总值和差值结果。根据 5.4.3 节梳理的供需适配量化描述原理,供需侧评测总值越高且差值越低表明两者适配度越高,反之则适配度越低,由此可将各个地段供需适配评价最终结果进行从高到低的 5 级划分(图 7-10、表 7-6)。

图 7-10 [盐城]中心城区游园布局潜力分布

N

0 1 2   5   10 km

游园布局潜力

1   2   3   4   5

表 7-6　基于供需条件评测总值与差值的适配度评测结果

供需适配等级	适配程度	供需条件评测总值	供需条件评测差值
1	高适配	≥8	≤1
2	较高适配	≥7	≤2
3	中适配	≥6	≤3
4	较低适配	≥5	≤4
5	低适配	≥5	≤4

7.3.5　规划方案制定

（1）用地条件分析

为管控发展实施成本及保障规划可行性,本次规划主要依托现状公共空间来增补游园,仅在空间条件极度受限状态才考虑用地性质转换或私有空间开放化等发展模式。因此,在生成各个地段供需条件适配度结果后,团队在布局调控单元层面,将供需适配度结果与单元内的公共空间肌理和形态进行叠加分析,提取供需条件适配度较高的公共空间作为游园增补的优先备选地段。在此基础上,进一步综合分析备选地段面积、形态、平整度、坡度、朝向、地面附着物等因素,得到各个备选地段的用地空间特征建设适宜性。

（2）发展实施模式

依据建设适宜性,制定出不同地段游园的发展实施模式。基于盐城市中心城区现实条件,团队主要制定了"破硬改园""改绿增园"及"拆迁建园"三种游园发展实施模式(图 7-11、图 7-12)。其中,前两者适用于依托现状公共空间来发展游园的情境,而最后一种适用于通过转换其他类型用地来发展游园的情境。为了管控发展成本并利于规划实施,规划制定了以"破硬改园"和"改绿增园"两种途径为主、"拆迁建园"为辅的游园选址策略。

（3）组群建构

除了上述因素外,在各个调控单元内部,团队在游园选址时还综合考量了与组群服务协同的相关因素,其中包括:根据不同的调控单元(社区为主)现状肌理及居民分布,建立高适应性的组群空间结构;尽量确保调控单元内游园服务差异化分工,并分别与居民需求分布和构成结构相互匹配;优先选取周边游憩相关设

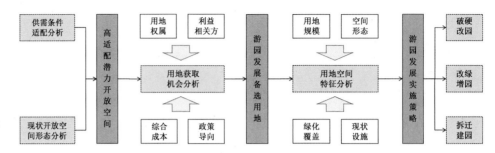

图 7-11 游园发展实施路径图

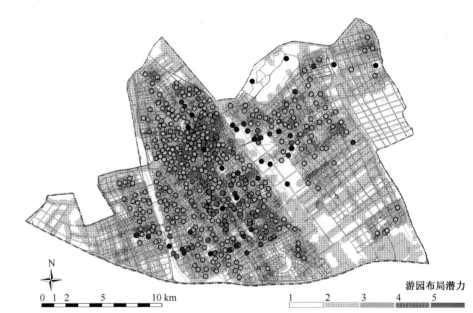

图例:

◯ 规划游园
● 现状综合公园
● 现状社区公园
● 现状游园

图 7-12 [盐城]中心城区游园现状及规划布局

施类型不同、交通联系便利地段布局游园,形成高效便捷的组群内部服务网络(图7-13—图7-16)。

(4)布局选址结果

在上述因素分析和考量基础上,经过与当地政府及利益相关方的多轮沟通协调,最终形成游园布局增补方案。游园总面积由 28.44 公顷增至 199.01 公顷,增加了 170.57 公顷;数量由现状 54 处增加至 395 处,增加了 341 处。其中,通过"破硬改园"途径增补游园 103 处(占比 30.2%),"改绿增园"途径增补游园 193 处(占比 56.6%),"拆迁建园"增补游园 45 处(占比 13.2%)(图 7-17)。

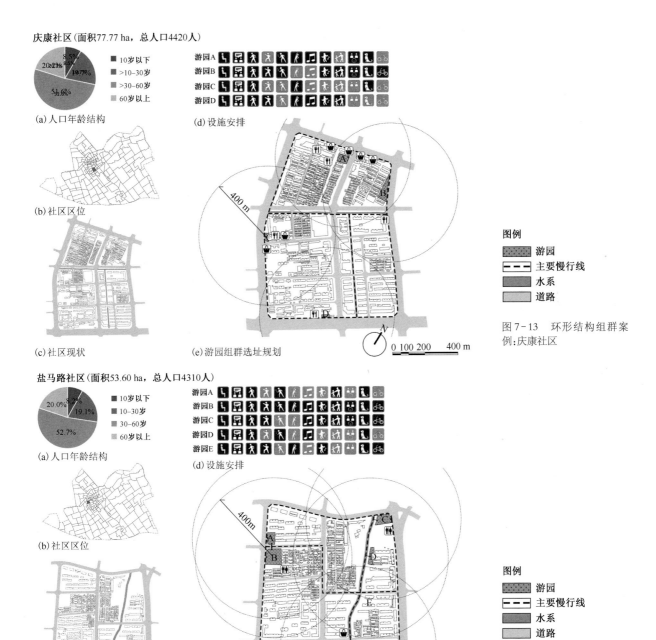

庆康社区(面积77.77 ha，总人口4420人)

(a) 人口年龄结构

10岁以下
>10-30岁
>30-60岁
60岁以上

(b) 社区区位

(c) 社区现状

(d) 设施安排

游园A
游园B
游园C
游园D

(e) 游园组群选址规划

图例

游园
主要慢行线
水系
道路

图7-13　环形结构组群案例：庆康社区

盐马路社区(面积53.60 ha，总人口4310人)

(a) 人口年龄结构

10岁以下
10-30岁
30-60岁
60岁以上

20.0%　8.2%
19.1%
52.7%

(b) 社区区位

(c) 社区现状

(d) 设施安排

游园A
游园B
游园C
游园D
游园E

(e) 游园组群选址规划

图例

游园
主要慢行线
水系
道路

图7-14　线形结构组群案例：盐马路社区

盐南社区(面积51.56 ha，人口4471人)

(a) 人口年龄结构

(d) 设施安排

(b) 社区区位

图例

- 游园
- 主要慢行线
- 水系
- 道路

图 7-15　放射结构组群案例：盐南社区

(c) 社区现状

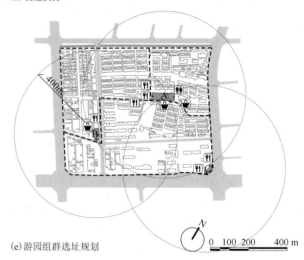

(e) 游园组群选址规划

西苑社区(面积60.50 ha，总人口3669人)

(a) 人口年龄结构

(d) 设施安排

(b) 社区区位

图例

- 游园
- 主要慢行线
- 水系
- 道路

图 7-16　网络结构组群案例：西苑社区

(c) 社区现状

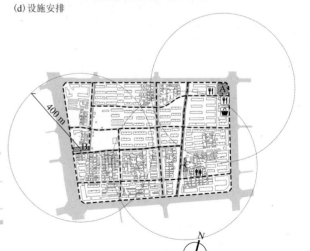

(e) 游园组群选址规划

破硬改园
(103处, 占30%)

改绿增园
(193处, 占57%)

拆迁建园
(45处, 占13%)

(a)"破硬改园"典型示例

(b)"改绿增园"典型示例

(c)"拆迁建园"典型示例

图 7-17 [盐城]中心城区游园增补方案及典型示例

7.3.6 规划方案验证

(1)目标检验

对照规划目标及规划方案中的相关指标,可以发现预设目标在该规划方案中均已有效实现。其中,日常服务公园绿地规模指标增幅显示,增补游园对公园绿地数量增幅贡献度(79.8%)要远高于面积增幅贡献度(35.4%)。在盐城中心城区采取以游园为主体的发展策略,使日常服务公园绿地数量提升近3.8倍,远高于约0.6倍的面积指标提升度(图7-18)。这也再次印证了在土地资源稀缺及发展空间极端受限条件下,口袋公园发展对于户外游憩机会增长贡献远超面积增长贡献。从绿地服务实效性看,增长的游憩机会亦能有效缓解高密度地段户外游憩资源供需矛盾。

在可达性和公平性指标提升上,游园贡献度均超70%,成为优化公园绿地服务绩效主体。但需注意的是,两类指标在增幅上却存在较大差异。其中,可达性指标增幅均在两倍以上,而公平性指标增幅则要低很多。基于调控基本单元统计的人均公园绿地面积基尼系数和人均公园绿地个数基尼系数在规划后仍处于相差悬殊状态(高于0.5),在高密度城区以游园为主体的规划措施很难彻底扭转公园绿地在各个调控单元内分配严重失衡的问题。但对比社区间面积与个数分配公平性指标增幅,游园发展对公园绿地个数分配不均问题具有更显著的改善效果,该指标(0.55)已降至接近分配悬殊的界定阈值(0.5)(表7-7)。

图例:

■ 居住用地

■ 口袋公园(点状游园)

■ 常规公园绿地
(综合公园+社区公园+开放型专类公园)

图7-18 [盐城]中心城区游园规划方案

N

0 1 2　　5　　　10 km

　　　　　　　　　　　　　　　口袋公园规划设计原理与方法

表7-7 规划前后关键指标对比、增幅及游园贡献度

项目	指标	现状	调控目标	规划后	增幅	游园贡献度目标	游园实际贡献度
规模	日常服务公园绿地总面积(单位:hm²)	792	≥1 200	1 270	60.4%	≥25%	35.4%
	日常服务公园绿地数量(单位:个)	112	≥400	538	380.4%	≥50%	79.8%
可达性	公园绿地300 m服务半径覆盖居民人口比率	24.3%	≥85%	97.7%	302.1%	≥50%	70.8%
	公园绿地300 m服务半径覆盖居住用地比率	28.0%	≥85%	90.1%	221.8%	≥50%	79.0%
	公园绿地300 m服务半径覆盖率90%以上社区数量占比	18.1%	≥80%	80.7%	345.9%	≥50%	81.1%
公平性	人均公园绿地面积基尼系数(基于社区单元)	0.90	≤0.8	0.78	13.3%	≥25%	83.3%
	人均公园绿地个数基尼系数(基于社区单元)	0.80	≤0.6	0.55	31.6%	≥60%	80.0%

注:与前文对应,"日常服务公园绿地"涵盖综合公园、社区公园、部分专类公园和游园。

(2) 调控单元状态检验

在调控单元的公园组群建构上,我们还分别以居住用地地块为分析对象,对日常服务公园绿地供需状态、空间均衡性及社会公平性提升情况展开验证。其中,各个调控单元日常服务公园绿地供需矛盾得以有效缓解,公园绿地供需基本平衡(300米人均可达公园绿地面积不低于2.4平方米)的调控单元数量由现状中40个增长至83个。由于人口密集、用地稀缺等因素并存,布局调控后城市中心地段日常游憩绿地规模仍然呈现不足,但程度已有所缓解。在此基础上,规划建议未来可通过绿道网络建构、屋顶绿化、附属绿地开放等形式来进一步缓解此类地段的日常游憩绿地供需问题。

通过分析调控单元内各个居住用地地块300米可达公园绿地面积标准差,团队进一步衡量了单元内绿地分布的空间均衡性。结果显示,公园绿地空间均衡性有较大提升的单元共28个,均衡水平较高单元占单元总数约70%。规划调控后仍有部分公园绿地分布失衡,主要集中在中心城区中部及东部边界地段,其中部分单元是因为建成区中日常游憩服务绿地增补和调控实施空间严重受限,难以进行均衡增补(图7-19)。这类单元可通过绿道网络建构、居住用地及周边公共设

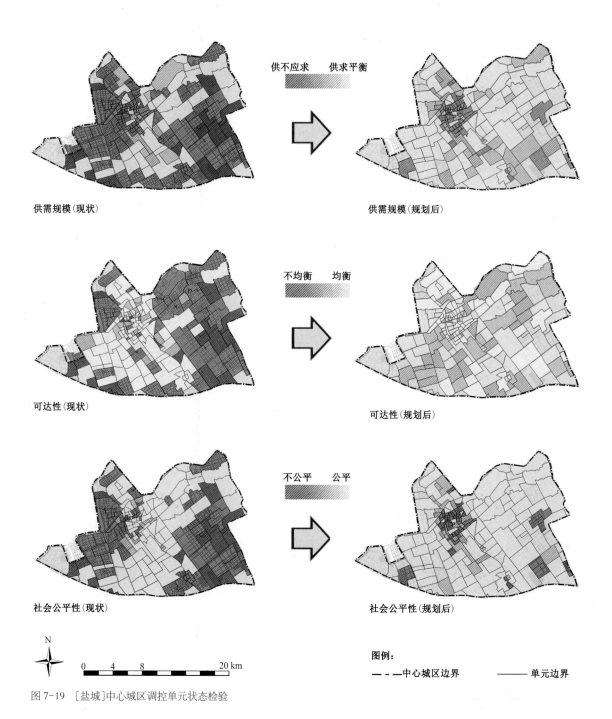

供不应求　供求平衡

供需规模（现状）　供需规模（规划后）

不均衡　均衡

可达性（现状）　可达性（规划后）

不公平　公平

社会公平性（现状）　社会公平性（规划后）

N

0　4　8　20 km

图7-19　[盐城]中心城区调控单元状态检验

图例：
－－－中心城区边界　　——单元边界

口袋公园规划设计原理与方法

施附属绿地开放等措施来进一步提升游憩机会分配的均衡性。此外,还有部分单元公园绿地分布失衡则是因为内部设有大体量公园绿地,将加剧公园绿地的空间不均衡性,规划建议此类社区通过社区慢行网络建设来提升大体量公园绿地的可达性以及居民出行便捷性,即通过在供需侧建立高效的连接系统来调节和缓解绿地分布的不均衡性。

对于单元内绿地分布的社会公平性衡量,主要基于各年龄段群体拥有日常游憩公园绿地资源的差异程度(基尼系数)。结果显示,规划调控让社会公平性差距悬殊(基尼系数高于0.5)的社区数量减少30个,日常游憩公园绿地资源空间配置的社会不公平程度得到一定缓解。但受限于建成区较高的开发建设饱和度,城市中部以及东南部仍有部分社区内不同年龄群体享有的公园绿地资源处于失衡状态,规划建议可通过增设游径、非正规绿地增补以及特定群体游憩设施配置的增加来加以改善。

7.4　调控方法应用总结

7.4.1　调控方法应用特征

应用该调控方法,规划从调控单元空间粒度和社会粒度两个层面展开精细化分析,对居民需求在空间和群体间分布的不均衡性进行充分考量和评测。反映在规划结果中,规划后公园绿地服务范围对"人"覆盖率指标值较之对"地"覆盖率要高出近8个百分点,增幅则高出近80个百分点。这也推动了公园绿地布局关注点从传统的"地-地"(公园绿地-居住用地)关系转换到"地-人"(公园绿地-城市居民)关系,符合当前城市精细化治理下的发展要求。

鉴于高密度环境对于公园绿地发展用地的限制,规划在公园绿地规划调控目标制定时将关注点集中在户外游憩机会增补和分配上。在适配分析时,对城市环境中既有的交通和服务设施加以整合考虑,并尽量避免游憩服务时公园间的相互竞争,为游园发展中的资源整合、成本控制以及建成后的绩效保障奠定基础,使游园增补能为城市更新实现"四两拨千斤"的效果。

在适配分析时,由于居民对公园绿地需求具有较强的主观性、现实性和动态性,因此很难确定游园发展供给端与需求端要素适配的绝对标准。为此,本项目采取相对适配度衡量法,即对供需侧要素评测值域进行标准化和等级化,提取供需侧标准化结果中均处于相对高值空间作为供需条件高适配地段,优先选择布局游园。该做法能在最大程度尊重城市现实条件下,完成对游园最优增补地段甄别,对当前我国城市精细化治理、"双修"、微更新等进程下公园绿地的布局优化均具有较强适用性。

7.4.2　项目中调控方法应用的局限性

鉴于高密度环境下公园发展用地获取的复杂性导致难以对用地供给这一关键因素展开有效量化分析,该项目采取的策略是在分析中将能够量化与难以量化因素进行区分,即首先将需求侧与供给侧部分能被量化的因素(发展适宜性因素)进行匹配提取游园优先增补地段,进而围绕用地获取相关的政策、经济及社会等因素展开定性分析,最终敲定游园备选用地位置及范围。如后续研究能有效建立一套客观完善的用地获取因素量化方法,将能进一步提升供需适配分析的效率和精准度。

其次,由于该项目名为《盐城市城市公园绿地专项规划(2019—2030)》,规划对象锁定为"公园绿地"。因此,项目中对于口袋公园的调控仅限于属于公园绿地的"游园"("正规绿地"范畴),对发挥着同等服务功能、属于附属绿地的口袋公园调控("非正规绿地"范畴)并未涉及。这在一定程度上也影响了日常游憩服务体系建构以及口袋公园组群建构的完整性。

此外,该课题在供需条件适配分析中,需求侧定量分析主要细分了不同年龄群体公园绿地需求差异,但相关研究表明,需求差异同样还存在于不同职业、收入、性别等群体间,如何在规划中对不同群体需求差异展开更加多维度和精细化的衡量仍有待进一步探索。另一方面,在发展适宜性量化上,该课题主要定量分析了邻近公园绿地、服务设施以及慢行网络三类因素对游园布局的影响,而随着相关基础性研究的持续推进,除了该三类因素外,很可能还会有其他类型的限制或机会因素相继被发现和量化,使本课题中的发展适宜性评价体系得以补充和完善。

　　　　　　　　　　　　　　　　　　口袋公园规划设计原理与方法

参考文献

［1］白列湖. 协同论与管理协同理论[J]. 甘肃社会科学, 2007(5)：228-230.

［2］北京市人民政府办公厅. 京政办发[2001]68号　加快北京商务中心区建设暂行办法[S]. 北京：北京市人民政府办公厅, 2001.

［3］陈洁, 陆锋, 程昌秀. 可达性度量方法及应用研究进展评述[J]. 地理科学进展, 2007(5)：100-110.

［4］陈玺撼. 这种房间, 上海市民人均一间, 有些曾是家门口"边角料"[N]. 解放日报, 2020-12-15.

［5］仇保兴. 重建城市微循环：一个即将发生的大趋势[J]. 城市发展研究, 2011(5)：1-13.

［6］邓位, 李翔. 英国城市绿地标准及其编制步骤[J]. 国际城市规划, 2017, 32(6)：20-26.

［7］甘伟, 巫溢涵, 周钰. 罗尔斯公平观视角下的美国城市更新策略研究：以亚特兰大环线再开发为例[J]. 中国园林, 2019, 35(10)：77-82.

［8］何钢. 人均公园绿地面积4年增近一成：在街角荒地弃置空间开发"口袋公园""袖珍绿地"[N]. 南京日报, 2018-10-23.

［9］何明俊. 城市规划、土地发展权与社会公平[J]. 城市规划, 2018, 42(8)：9-15.

［10］江海燕, 胡峰, 刘为, 等. 私有公共空间的研究进展及其对附属绿地公共化的启示[J]. 城市发展研究, 2020, 27(11)：7-11.

［11］江海燕, 吴俊达, 李智山, 等. 存量增长下的南海开敞空间质量提升规划设计指引[J]. 中国园林, 2016, 32(12)：92-96.

［12］黎淑翎, 陈璐, 译. 1961纽约市区划决议案[M]. 广州：华南理工大学出版社, 2018.

[13] 李德华. 城市规划原理[M]. 3 版. 北京：中国建筑工业出版社，2001.

[14] 李彦伯，诸大建，王欢明. 新公共服务导向的城市历史街区发展模式选择：基于上海市居民满意度的实证分析[J]. 城市规划，2016(2)：51-60.

[15] 刘滨谊，贺炜，刘颂. 基于绿地与城市空间耦合理论的城市绿地空间评价与规划研究[J]. 中国园林，2012，28(5)：42-46.

[16] 刘家麒. 日本的公园绿地规划[J]. 城市规划，1979(Z1)：62-67.

[17] 刘视湘，郑日昌. 社区心理学[M]. 北京：开明出版社，2012.

[18] 刘颂，刘滨谊. 城市绿地空间与城市发展的耦合研究：以无锡市区为例[J]. 中国园林，2010，26(3)：14-18.

[19] 刘贤腾. 空间可达性研究综述[J]. 城市交通，2007(6)：36-43.

[20] 芦原义信. 外部空间设计[M]. 南京：江苏凤凰文艺出版社，2017：95.

[21] 罗伯特·B.登哈特，珍妮特·V.登哈特. 新公共服务：服务而不是掌舵[M]. 北京：中国人民大学出版社，2004.

[22] 孟庆松，韩文秀. 复合系统协调度模型研究[J]. 天津大学学报，2000(4)：444-446.

[23] 潘开灵，白烈湘. 管理协同理论及其应用[M]. 北京：经济管理出版社，2006.

[24] 彭剑锋. 人力资源管理概论[M]. 上海：复旦大学出版社，2003.

[25] 人民网. 口袋公园　推窗观景[EB/OL]. [2021-08-30]. http://m2.people.cn/r/MV8xXzMxNjk1OTI3XzQxOTg0Ml8xNTg4Mzc5NDQ5.

[26] 任熙元，王灿，王德，等. 消费者行为视角下的大宁商业综合体空间绩效评价[J]. 规划师，2018，34(2)：101-107.

[27] 上观新闻. 昔日马路"结石"变身口袋公园，上海今年要建多少个[EB/OL]. [2021-08-30]. https://export.shobserver.com/baijiahao/html/385664.html.

[28] 上海市规划和国土资源管理局. 上海市 15 分钟社区生活圈规划导则(专业版)[S]. 上海：上海市规划和国土资源管理局，2016.

[29] 上海市绿化和市容管理局.沪绿容 (2021) 428 号 上海市口袋公园建设技术导则[S]. 上海：上海市绿化和市容管理局，2021.

[30] 上海市绿化和市容管理局.沪绿容[2018]148 号 上海市街心花园建设技术导则[S]. 上海：上海市绿化和市容管理局，2018.

[31] 孙斌栋，涂婷，石巍，等. 特大城市多中心空间结构的交通绩效检验：上海案例研究[J]. 城市规划学刊，2013(2)：63-69.

[32] 王旭辉，孙斌栋. 特大城市多中心空间结构的经济绩效：基于城市经济模型的理论探讨[J]. 城市规划学刊，2011(6)：20-27.

[33] 香港发展局. 私人发展公众游憩空间设计及管理指引[S]. 香港：香港发展局，2011.

[34] 肖希，李敏. 澳门半岛高密度城市微绿空间增量研究[J]. 城市规划学刊，2015(5)：105-110.

[35] 许浩. 国外城市绿地系统规划[M]. 北京：中国建筑工业出版社，2003.

[36] 许浩. 美国城市公园系统的形成与特点[J]. 华中建筑，2008，26(11)：167-171.

[37] 许浩. 日本绿地规划与保护[J]. 城市环境设计，2008(5)：68-71.

[38] 颜文涛，萧敬豪，胡海，等. 城市空间结构的环境绩效：进展与思考[J]. 城市规划学刊，2012(5)：50-59.

[39] 杨玲，吴岩，周曦. 我国部分老城区单位和居住区附属绿地规划管控研究：以新疆昌吉市为例[J]. 中国园林，2013，29(3)：55-59.

[40] 杨晓春，司马晓，洪涛. 城市公共开放空间系统规划方法初探：以深圳为例[J]. 规划师，2008，24(6)：24-27.

[41] 尹海伟，孔繁花，宗跃光. 城市绿地可达性与公平性评价[J]. 生态学报，2008，28(7)：3375-3383.

[42] 约翰·罗尔斯. 正义论[M]. 北京：中国社会科学出版社，2001.

[43] 翟宇佳，周聪惠. 基于实例的城市公园可达性评价模型比较[J]. 中国园林，2019，35(1)：78-83.

[44] 张春彦，纪茜. 政策法规下的法国风景园林正义探究[J]. 中国园林，2019，35(5)：23-27.

[45] 张军民，侯艳玉，徐腾. 城市空间发展与规划目标一致性评估体系架构：以山东省胶南市为例[J]. 城市规划，2015，39(6)：43-50.

[46] 张天洁，岳阳. 西方"景观公正"研究的简述及展望，1998—2018[J]. 中国园林，2019，35(5)：5-12.

[47] 张晓佳. 英国城市绿地系统分层规划评述[J]. 风景园林，2007(3)：74-77.

[48] 针之谷钟吉. 西方造园变迁史：从伊甸园到天然公园[M]. 北京：中国建筑工业出版社,1991.

[49] 中华人民共和国建设部. CJJ 48—1992 公园设计规范[S]. 北京：中国建筑工业出版社, 1993.

[50] 中华人民共和国建设部. GB 50180—1993 城市居住区规划设计规范[S]. 北京：中国标准出版社, 1993.

[51] 中华人民共和国建设部. GB/T 50280—98 城市规划基本术语标准[S]. 北京：中国建筑工业出版社, 1999.

[52] 中华人民共和国住房和城乡建设部. GB 50180—2018 城市居住区规划设计标准[S]. 北京：中国建筑工业出版社,2018.

[53] 中华人民共和国住房和城乡建设部. CJJ/T 85—2017 城市绿地分类标准[S]. 北京：中国建筑工业出版社,2017.

[54] 中华人民共和国住房和城乡建设部. GB 50137—2011 城市用地分类与规划建设用地标准[S]. 北京：中国计划出版社, 2012.

[55] 中华人民共和国住房和城乡建设部. GB 51192—2016 公园设计规范[S]. 北京：中国建筑工业出版社, 2017.

[56] 中华人民共和国住房和城乡建设部. GB/T 51346—2019 城市绿地规划标准[S]. 北京：中国建筑工业出版社, 2019.

[57] 中华人民共和国住房和城乡建设部.建办城函[2022]276 号 住房和城乡建设部办公厅关于推动"口袋公园"建设的通知[S]. 北京：中华人民共和国住房和城乡建设部, 2022.

[58] 中华人民共和国住房和城乡建设部.建城[2016]235 号 国家园林城市系列标准[S]. 北京：中华人民共和国住房和城乡建设部, 2016.

[59] 中华人民共和国住房和城乡建设部.建规[2017]59 号 住房城乡建设部关于加强生态修复城市修补工作的指导意见[S]. 北京：住房城乡建设部, 2017.

[60] 周聪惠, 成玉宁. 基于空间关联量化模型的公园绿地布局调适方法[J]. 中国园林, 2016, 32(6)：40-45.

[61] 周聪惠, 金云峰. "精细化"理念下的城市绿地复合型分类框架建构与规划应用[J]. 城市发展研究, 2014, 21(11)：118-124.

[62] 周聪惠, 吴韵, 胡樱, 等. 城垣下的绿谱：南京明城墙绿道空间特征与服务

绩效图解[M]. 南京：东南大学出版社，2017.

[63] 周聪惠. "非正规城市绿地"概念辨析及规划策略研究[J]. 中国园林，2022，38(5)：50-55.

[64] 周聪惠. 城市绿地系统规划编制方法：基于绿地功能与空间属性的规划调控[M]. 南京：东南大学出版社，2014.

[65] 周聪惠. 城市微绿地的基本属性与规划关键问题[J]. 国际城市规划，2022，37(3)：105-113.

[66] 周聪惠. 公园绿地规划的"公平性"内涵及衡量标准演进研究[J]. 中国园林，2020，36(12)：52-56.

[67] 周聪惠. 公园绿地绩效的概念内涵及评测方法体系研究[J]. 国际城市规划，2020，35(2)：73-79.

[68] 周聪惠. 基于选线潜力定量评价的中心城绿道布局方法[J]. 中国园林，2016，32(10)：104-109.

[69] 周聪惠. 精细化理念下的公园绿地集约型布局优化调控方法[J]. 现代城市研究，2015，30(10)：47-54.

[70] 周咏馨，吕玉惠，李恬，等. 工业用地绩效评价网络运行效率的分析与优化[J]. 城市发展研究，2017，24(9)：7-9.

[71] 朱英明. 我国城市群地域结构特征及发展趋势研究[J]. 城市规划汇刊，2001(4)：55-57.

[72] Akkerman A, Cornfeld A F. Greening as an urban design metaphor：looking for the city's soul in leftover spaces[J]. Structurist, 2009, 49：30-35.

[73] Akpinar A. Factors influencing the use of urban greenways：A case study of Aydin, Turkey[J]. Urban Forestry & Urban Greening, 2016, 16：123-131.

[74] American Society of Landscape Architects. Lafayette greens：Urban agriculture, urban fabric, urban sustainability[EB/OL]. [2021-07-27]. https://www.asla.org/2012awards/073.html.

[75] Andersson E, Langemeyer J, Borgström S, et al. Enabling green and blue infrastructure to improve contributions to human well-being and equity in urban systems[J]. BioScience, 2019, 69(7)：566-574.

[76] Armato F. Pocket park：Product urban design[J]. The Design Journal,

2017, 20(Supplement 1): S1869-S1878.

[77] Armstrong H. Time, dereliction and beauty: An argument for landscapes of contempt[C]. The Landscape Architect, IFLA Conference Papers, 2006: 116-127.

[78] Balai K P, Maruthaveeran S, Maulan S. Investigating the usability pattern and constraints of pocket parks in Kuala Lumpur, Malaysia[J]. Urban Forestry & Urban Greening, 2020, 50: 126647.

[79] Bartesaghi-Koc C, Osmond P, Peters A. Spatio-temporal patterns in green infrastructure as driver of land surface temperature variability: The case of Sydney[J]. International Journal of Applied Earth Observation and Geoinformation, 2019, 83: 101903.

[80] Barton H, Grant M, Guise R. Shaping neighbourhoods: For local health and global sustainability[M]. London: Routledge, 2010.

[81] Bernstein F A. Side pocket: New York's Paley Park, which turns 50 this month, is a masterpiece-proof that even a tiny public space can make a difference in a crowded city[J]. Landscape Architecture, 2017, 107(5): 122-129.

[82] Boone C G, Buckley G L, Grove J M, et al. Parks and people: An environmental justice inquiry in Baltimore, Maryland[J]. Annals of the Association of American Geographers, 2009, 99(4): 767-787.

[83] Boulton C, Dedekorkut-Howes A, Byrne J. Factors shaping urban greenspace provision: A systematic review of the literature[J]. Landscape and Urban Planning, 2018, 178: 82-101.

[84] Brighenti A M. Urban interstices: The aesthetics and the politics of the in-between[M]. New York: Routledge, 2013.

[85] Bruinsma F, Rietveld P. The accessibility of European cities: Theoretical framework and comparison of approaches[J]. Environment & Planning A, 1998, 30(3): 499-521.

[86] Chang P-J. Effects of the built and social features of urban greenways on the outdoor activity of older adults[J]. Landscape and Urban Planning, 2020, 204: 103929.

[87] Chen Y, Liu X, Gao W, et al. Emerging social media data on measuring urban park use[J]. Urban Forestry & Urban Greening, 2018, 31: 130-141.

[88] Chiesura A. The role of urban parks for the sustainable city[J]. Landscape and Urban Planning, 2004, 68(1): 129-138.

[89] Chon J, Scott S C. Aesthetic responses to urban greenway trail environments [J]. Landscape Research, 2009, 34(1): 83-104.

[90] Cohen D A, Han B, Derose K P, et al. Promoting physical activity in high-poverty neighborhood parks: A cluster randomized controlled trial[J]. Social Science & Medicine, 2017, 186: 130-138.

[91] Corbusier L, Coltman D, Knight P, et al. The radiant city: Elements of a doctrine of urbanism to be used as the basis of our machine-age civilization [M]. Orion Press, 1964.

[92] Coutts C, Miles R. Greenways as green magnets: the relationship between the race of greenway users and race in proximal neighborhoods[J]. Journal of Leisure Research, 2011, 43(3): 317-333.

[93] Cupers K, Miessen M. Spaces of uncertainty[M]. Müller und Busmann Wuppertal, 2002.

[94] Currie M A. A design framework for small parks in ultra-urban, metropolitan, suburban and small town settings[J]. Journal of Urban Design, 2016, 22(1): 1-20.

[95] Dai D. Racial/ethnic and socioeconomic disparities in urban green space accessibility: Where to intervene? [J]. Landscape and Urban Planning, 2011, 102(4): 234-244.

[96] Danford R S, Strohbach M W, Warren P S, et al. Active greening or rewilding the city: How does the intention behind small pockets of urban green affect use[J]. Urban Forestry & Urban Greening, 2018, 29: 377-383.

[97] Denhardt R B, Denhardt J V. The new public service: Putting democracy first[J]. National Civic Review, 2001, 90(4): 391-400.

[98] Denhardt R B, Denhardt J V. The new public service: serving rather than steering[J]. Public Administration Review, 2000, 60(6): 549-559.

[99] Donahue M L, Keeler B L, Wood S A, et al. Using social media to understand drivers of urban park visitation in the Twin Cities, MN[J]. Landscape and Urban Planning, 2018, 175: 1-10.

[100] Doron G M. The dead zone and the architecture of transgression[J]. City, 2000, 4(2): 247-263.

[101] Environmental Partnership (NSW) Pty Ltd. Western Precinct Open Space and Landscape Masterplan[R]. Environmental Partnership (NSW) Pty Ltd., 2008.

[102] Fabos J G. Introduction and overview: the greenway movement, uses and potentials of greenways[J]. Landscape and Urban Planning, 1995, 33(1/2/3): 1-13.

[103] Faraci P. Vest pocket parks[R]. Chicago, USA: American Society of Planning Officials, 1967.

[104] Farahani L M, Maller C. Investigating the benefits of "leftover" places: Residents' use and perceptions of an informal greenspace in Melbourne[J]. Urban Forestry & Urban Greening, 2019, 41: 292-302.

[105] Forsyth A. Designing small parks: A manual for addressing social and ecological concerns[M]. New York: John Wiley & Sons, 2005.

[106] Foster J. Hiding in plain view: Vacancy and prospect in Paris' Petite Ceinture[J]. Cities, 2014, 40: 124-132.

[107] Franck K A, Stevens Q. Loose space: Possibility and diversity in urban life[M]. London: Routledge, 2007.

[108] Gandy M. Marginalia: Aesthetics, ecology, and urban wastelands[J]. Annals of the Association of American Geographers, 2013, 103(6): 1301-1316.

[109] Gandy M. Unintentional landscapes[J]. Landscape Research, 2016, 41(4): 433-440.

[110] Gehl J, Gemzøe L. Public spaces, public life[M]. Danish Architectural Press and the Royal Danish Academy of Fine Arts, School of Architecture, 1996.

[111] Gehl J. Life between buildings: Using public space[M]. Copenhagen, Denmark: The Danish Architectural Press, 2001.

[112] Gibson H, Canfield J. Pocket parks as community building blocks: A focus on Stapleton, CO[J]. Community Development, 2016, 47(5): 732-745.

[113] Giles-Corti B, Broomhall M H, Knuiman M, et al. Increasing walking: How important is distance to, attractiveness, and size of public open space [J]. American Journal of Preventive Medicine, 2005(2, Supplement 2): 169-176.

[114] Gobster P. Appreciating urban wildscapes: Towards a natural history of unnatural places [A]// Jorgensen A, Keenan R. Urban wildscapes[M]. London: Routledge. 2011: 33-48.

[115] Great London Authority. The London plan, spatial development strategy for Greater London[R]. London: Greater London Authority, 2008.

[116] Grimm E, Schroeder E P. Riverside park: the splendid sliver[M]. 2007.

[117] Grow H M, Saelens B E, Kerr J, et al. Where are youth active? roles of proximity, active transport, and built environment[J]. Medicine & Science in Sports & Exercise, 2008, 40(12): 2071-2079.

[118] Ha J, Kim H J, With K A. Urban green space alone is not enough: A landscape analysis linking the spatial distribution of urban green space to mental health in the city of Chicago[J]. Landscape and Urban Planning, 2022, 218: 104309.

[119] Haken H. Synergetics: Introduction and advanced topics [M]. Springer, 2004.

[120] Hamstead Z A, Fisher D, Ilieva R T, et al. Geolocated social media as a rapid indicator of park visitation and equitable park access[J]. Computers, Environment and Urban Systems, 2018, 72: 38-50.

[121] Harnik P. Urban green : Innovative parks for resurgent cities[M]. Washington D C: Island Press, 2010.

[122] Harper J. Planning for recreation and parks facilities: Predesign process, principles, and strategies[M]. USA: Venture Publishing, Inc., 2009.

[123] Holy‐Hasted W, Burchell B. Does public space have to be green to improve well‐being? An analysis of public space across Greater London and its association to subjective well‐being[J]. Cities, 2022, 125: 103569.

[124] Howard E, Osborn F J. Garden cities of To-Morrow[M]. M. I. T. Press, 1965.

[125] Hughey S M, Walsemann K M, Child S, et al. Using an environmental justice approach to examine the relationships between park availability and quality indicators, neighborhood disadvantage, and racial/ethnic composition[J]. Landscape and Urban Planning, 2016, 148(Supplement C): 159-169.

[126] Hussainzad E A, Yusof M, Maruthaveeran S. Identifying women's preferred activities and elements of private green spaces in informal settlements of Kabul city [J]. Urban Forestry & Urban Greening, 2021, 59(2): 127011.

[127] Ibes D C. A multi-dimensional classification and equity analysis of an urban park system: A novel methodology and case study application[J]. Landscape and Urban Planning, 2015, 137(Supplement C): 122-137.

[128] Jacobs J. The death and life of great American cities[M]. Vintage Books, 1961.

[129] Jim C Y, Chen S S. Comprehensive greenspace planning based on landscape ecology principles in compact Nanjing city, China[J]. Landscape and Urban Planning, 2003, 65(3): 95-116.

[130] Jim C Y. Green-space preservation and allocation for sustainable greening of compact cities[J]. Cities, 2004, 21(4): 311-320.

[131] Johnson D L. Origin of the neighbourhood unit[J]. Planning Perspectives, 2002, 17(3): 227-245.

[132] Jorgensen A, Tylecote M. Ambivalent landscapes: Wilderness in the urban interstices[J]. Landscape Research, 2007, 32(4): 443-462.

[133] Kabisch N, Haase D. Green justice or just green? Provision of urban green spaces in Berlin, Germany[J]. Landscape and Urban Planning, 2014, 122(Supplement C): 129-139.

口袋公园规划设计原理与方法

[134] Kang Y, Fukahori K, Kubota Y. Evaluation of the influence of roadside non-walking spaces on the pedestrian environment of a Japanese urban street[J]. Sustainable Cities and Society, 2018, 43: 21-31.

[135] Kienast F, Degenhardt B, Weilenmann B, et al. GIS-assisted mapping of landscape suitability for nearby recreation[J]. Landscape and Urban Planning, 2012, 105(4): 385-399.

[136] Kowsky F R. Municipal parks and city planning: frederick law olmsted's buffalo park and parkway system[J]. Journal of the Society of Architectural Historians, 1987, 46(1): 49-64.

[137] Lachowycz K, Jones A P. Towards a better understanding of the relationship between greenspace and health: Development of a theoretical framework[J]. Landscape and Urban Planning, 2013, 118: 62-69.

[138] Ling R B A. The Radiant City. (translation of 1964 edition) by Le Corbusier[J]. Journal of the Royal Society of Arts, 1967, 116(5137): 77-78.

[139] Little C E. Greenways for America[M]. Johns Hopkins University Press, 1995.

[140] Maddock A. UK Biodiversity Action Plan: Priority Habitat Descriptions [R]. Peterborough: JNCC, 2008.

[141] Marcus C, Francis C. People places: Design guidelines for urban open space [M]. New York: Van Nostrand Reinhold, 1990.

[142] Meerow S, Newell J P. Spatial planning for multifunctional green infrastructure: Growing resilience in Detroit[J]. Landscape and Urban Planning, 2017, 159: 62-75.

[143] Moeller J. Standards for outdoor recreational areas[R]. Chicago, USA: American Society of Planning Officials, 1965.

[144] Mohai P, Pellow D, Roberts J T. Environmental justice[J]. Annual Review of Environment and Resources, 2009, 34(1): 405-430.

[145] Moran D. Between outside and inside? Prison visiting rooms as liminal carceral spaces[J]. Geojournal, 2013, 78(2): 339-351.

[146] Mullenbach L E, Larson L R, Floyd M F, et al. Cultivating social capital

in diverse, low-income neighborhoods: The value of parks for parents with young children [J]. Landscape and Urban Planning, 2022, 219: 104313.

[147] Neutens T, Schwanen T, Witlox F, et al. Equity of urban service delivery: A comparison of different accessibility measures[J]. Environment and Planning A: Economy and Space, 2010, 42(7): 1613-1635.

[148] Nielsen T. The Return of the excessive: superfluous landscapes[J]. Space and Culture, 2002, 5(1): 53-62.

[149] Nordh H, Hartig T, Hagerhall C M, et al. Components of small urban parks that predict the possibility for restoration[J]. Urban Forestry & Urban Greening, 2009, 8(4): 225-235.

[150] Nordh H, Østby K. Pocket parks for people: A study of park design and use[J]. Urban Forestry & Urban Greening, 2013, 12(1): 12-17.

[151] Papastergiadis N. Traces left in cities[A]//SCHAIK L V. Poetics in Architecture[M]. London: Wiley Academy, 2002.

[152] Perry C A. The neighbourhood unit[M]. Routledge/Thoemmes Press, 1929.

[153] Peschardt K K, Stigsdotter U K, Schipperrijn J. Identifying features of pocket parks that may be related to health promoting use[J]. Landscape Research, 2016, 41(1): 79-94.

[154] Phillips D, Lindquist M. Just weeds? Comparing assessed and perceived biodiversity of urban spontaneous vegetation in informal greenspaces in the context of two American legacy cities: Science Direct[J]. Urban Forestry & Urban Greening, 2021, 62: 127151.

[155] Pietrzyk-Kaszyńska A, Czepkiewicz M, Kronenberg J. Eliciting non-monetary values of formal and informal urban green spaces using public participation GIS[J]. Landscape and Urban Planning, 2017, 160 (Supplement C): 85-95.

[156] Richards D R, Passy P, Oh R R Y. Impacts of population density and wealth on the quantity and structure of urban green space in tropical Southeast Asia[J].

Landscape and Urban Planning, 2017, 157(Supplement C): 553-560.

[157] Rigolon A, Németh J. Privately owned parks in New Urbanist communities: A study of environmental privilege, equity, and inclusion[J]. Journal of Urban Affairs, 2018, 40(4): 543-559.

[158] Rigolon A, Yañez E, Aboelata M J, et al. "A park is not just a park": Toward counter-narratives to advance equitable green space policy in the United States[J]. Cities, 2022, 128: 103792.

[159] Rigolon A. Parks and young people: An environmental justice study of park proximity, acreage, and quality in Denver, Colorado[J]. Landscape and Urban Planning, 2017, 165(Supplement C): 73-83.

[160] Rioux L, Werner C M, Mokounkolo R, et al. Walking in two French neighborhoods: A study of how park numbers and locations relate to everyday walking [J]. Journal of Environmental Psychology, 2016, 48: 169-184.

[161] Rupprecht C, Byrne J A. Informal urban greenspace: A typology and trilingual systematic review of its role for urban residents and trends in the literature[J]. Urban Forestry & Urban Greening, 2014, 13(4): 597-611.

[162] Rupprecht C, Byrne J A, Ueda H, et al. "It's real, not fake like a park": Residents' perception and use of informal urban green-space in Brisbane, Australia and Sapporo, Japan[J]. Landscape and Urban Planning, 2015, 143: 205-218.

[163] San Francisco Planning Department. Walking, bicycling & public space on market street [R]. San Francisco: San Francisco Planning Department, 2010.

[164] Seymour W N. Small urban spaces: the philosophy, design, sociology, and politics of vest-pocket parks and other small urban open spaces[M]. New York: New York University Press, 1969.

[165] Shaw P, Hudson J. The qualities of informal space: (Re)appropriation within the informal, interstitial spaces of the city[C]. Proceedings of the Conference Occupation: Negotiations With Constructed Space, 2009.

参考文献

[166] Sikorska D, Łaszkiewicz E, Krauze K, et al. The role of informal green spaces in reducing inequalities in urban green space availability to children and seniors[J]. Environmental Science & Policy, 2020, 108: 144-154.

[167] Sinou M. Parameters contributing to the design of a successful urban pocket park[C]. Plea 2013, 2013.

[168] SPUR. Secrets of San Francisco: Where to find our city's POPOS: privately owned public open spaces[R]. San Francisco: San Francisco Planning + Urban Research Association (SPUR), 2009.

[169] Strohbach M W, Lerman S B, Warren P S. Are small greening areas enhancing bird diversity? Insights from community-driven greening projects in Boston[J]. Landscape and Urban Planning, 2013, 114: 69-79.

[170] Sun X, Wang L, Wang F, et al. Behaviors of seniors and impact of spatial form in small-scale public spaces in Chinese old city zones[J]. Cities, 2020, 107: 102894.

[171] Tan P Y, Samsudin R. Effects of spatial scale on assessment of spatial equity of urban park provision[J]. Landscape and Urban Planning, 2017, 158 (Supplement C): 139-154.

[172] Tappert S, Klöti T, Drilling M. Contested urban green spaces in the compact city: The (re-) negotiation of urban gardening in Swiss cities[J]. Landscape and Urban Planning, 2018, 170(Supplement C): 69-78.

[173] Tate A. Great city parks[M]. London: Spon Press, 2001.

[174] The Trust for Public Land. Pocket park toolkit[R]. San Francisco: The Trust for Public Land, 2020.

[175] Thompson J W. Rebirth of New York City's Bryant Park[M]. Washington D C: Spacemaker Press, 1997.

[176] Threlfall C G, Kendal D. The distinct ecological and social roles that wild spaces play in urban ecosystems[J]. Urban Forestry & Urban Greening, 2018, 29: 348-356.

[177] Tonnelat S. "Out of frame": The (in)visible life of urban interstices—a case study in Charenton-le-Pont, Paris, France[J]. Ethnography, 2008, 9

口袋公园规划设计原理与方法

(3): 291-324.

[178] Wang D, Brown G, Liu Y. The physical and non-physical factors that influence perceived access to urban parks[J]. Landscape and Urban Planning, 2015, 133: 53-66.

[179] Wang R Y, Feng Z Q, Pearce J. Neighbourhood greenspace quantity, quality and socioeconomic inequalities in mental health[J]. Cities, 2022, 129: 103815.

[180] Whyte W H. The social life of small urban space[M]. New York: Project for Public Spaces Inc, 2001.

[181] Wolch J R, Byrne J, Newell J P. Urban green space, public health, and environmental justice: The challenge of making cities "just green enough" [J]. Landscape and Urban Planning, 2014, 125(Supplement C): 234-244.

[182] Wright Wendel H E, Zarger R K, Mihelcic J R. Accessibility and usability: Green space preferences, perceptions, and barriers in a rapidly urbanizing city in Latin America[J]. Landscape and Urban Planning, 2012, 107 (3): 272-282.

[183] Włodarczyk-Marciniak R, Sikorska D, Krauze K. Residents' awareness of the role of informal green spaces in a post-industrial city, with a focus on regulating services and urban adaptation potential[J]. Sustainable Cities and Society, 2020, 59: 102236.

[184] Wüstemann H, Kalisch D, Kolbe J. Access to urban green space and environmental inequalities in Germany[J]. Landscape and Urban Planning, 2017, 164(Supplement C): 124-131.

[185] Xiao Y, Wang Z, Li Z, et al. An assessment of urban park access in Shanghai: Implications for the social equity in urban China[J]. Landscape and Urban Planning, 2017, 157(Supplement C): 383-393.

[186] Yao Y, Liu X, Li X, et al. Mapping fine-scale population distributions at the building level by integrating multisource geospatial big data[J]. International Journal of Geographical Information Science, 2017, 31 (6): 1220-1244.

[187] Zhang S, Zhou W. Recreational visits to urban parks and factors affecting park visits: Evidence from geotagged social media data[J]. Landscape and Urban Planning, 2018, 180: 27-35.

[188] Zhou C H, An Y H, Zhao J, et al. How do mini-parks serve in groups? A visit analysis of mini-park groups in the neighbourhoods of Nanjing[J]. Cities, 2022, 129: 103804.

[189] Zhou C H, Xie M, Zhao J, et al. What affects the use flexibility of pocket parks? evidence from Nanjing, China[J]. Land, 2022, 11(9): 1419.

[190] Zhou C, Fu L, Xue Y, et al. Using multi-source data to understand the factors affecting mini-park visitation in Yancheng [J]. Environment and Planning B: Urban Analytics and City Science, 2021, 49(2): 754-770.

[191] Zhou C, Zhang Y, Fu L, et al. Assessing mini-park installation priority for regreening planning in densely populated cities[J]. Sustainable Cities and Society, 2021, 67: 102716.

[192] Ziehl M, Osswald S, Schnier D, et al. Second hand spaces: Recycling sites undergoing urban transformation[M]. Jovis, 2012.

口袋公园规划设计原理与方法

后 记

　　该研究的核心工作跨越六个寒暑,团队采集了超过 200 个社区相关数据,并对超过 500 个口袋公园单体样本和 100 余个组群样本展开分析,其中仅拍摄的口袋公园使用状况照片就超过 3 万张,分析了数十万人次的口袋公园使用数据。除了标注来源的图纸和照片外,书中图表均由团队成员完成。其中,案例平面图、分析图表和照片主要由安一欢、赵金、谢猛、刘博雯、张诗宁、陈江滟、赵琴思等团队成员绘制或拍摄,傅乐山、薛琰文、王智洁、崔梦洁、严雨婷、刘子玥等也参与了书中部分图纸绘制和数据分析。此外,赵金和安一欢在全书版式设计和排版工作中也有重要贡献,张诗宁和陈江滟则分别参与了封面设计和序言翻译的相关工作。团队成员的全情投入和扎实的工作积累,为本研究的顺利推进及本书撰写提供了坚实有力的保障。

　　在研究中,我们发现影响口袋公园服务状态的因素包含内部、边界和环境等多个类型,涉及物质、经济、社会等多个层面,不同层面和类型的因素作用方式存在明显差异。我们的研究虽对部分影响因素类型及其作用方式展开了甄别,但受限于技术水平和数据精度,仍有部分不确定因素需要后续研究做深入分析和进一步揭示。同时,我们还发现对照大体量传统绿地,口袋公园组群内部的作用机制更加复杂,在游憩服务过程中组群内部的口袋公园之间可能同时存在竞争和协同两种效应,如何在规划中有效平衡这两种效应从而实现组群服务绩效最大化,同样也需要进一步的探索和验证。而在绿地布局和需求响应层面,目前我们仅能细化由服务对象年龄结构不同所产生的需求差异,但居民职业、族群、性别、受教育程度等属性差异也将产生不同的游憩习惯和需求强度。如何在规划设计实践中充分整合服务对象的各种社会属性特征,进一步提升口袋公园需求响应的精准度也是值得进一步探讨的议题。在政策层面,由于口袋公园发展的正规化和系统化工作仍在起步阶段,要探寻一套适合我国城市经济、文化和社会特点的口袋公园发展制度、模式和支持体系仍有很长的一段路要走。因此,我们深知目前的研究方法、过程和结果难免会有诸多不成熟之处有待进一步优化和完善,也恳请批评指正。

谨在本书出版之际,衷心感谢所有团队成员的长期投入和辛苦付出;感谢江苏省城市规划设计研究院景观分院吴弋院长、朱兴彤副院长以及张彧老师在相关研究上的大力支持和密切合作;感谢哥伦比亚大学 Richard Plunz 教授、东南大学成玉宁教授以及同济大学金云峰教授在本书撰写过程中的帮助和支持。此外,《中国园林》期刊金荷仙社长、《国际城市规划》期刊孙志涛副主编、南京园林规划设计研究院承钧院长、华建集团环境院景观专项院杨凌晨院长、南京金埔设计集团窦逗院长、江苏天正景观规划设计研究院丁纪江院长、南京林业大学徐振老师、同济大学陈筝老师、同济大学翟宇佳老师、南京大学徐逸伦老师、上海大学严晓勤老师也对本研究提出了宝贵意见和建议,在此一并致谢。正是得益于各位前辈和同行专家的指导和帮助,本研究才能得以完成,并顺利成书出版。同时,也感谢一直以来在生活和研究工作中给予我巨大帮助和支持的家人和朋友们,感谢东南大学出版社编辑为本书顺利出版所付出的努力!

周聪惠
2022 年 10 月
东南大学

口袋公园规划设计原理与方法